Kohls Stationenlernen Mathematik
6. Schuljahr

2. Auflage 2014

Inhalt: Hans-J. Schmidt
Coverbild: © contrastwerkstatt - fotolia.com
Grafik & Satz: Kohl-Verlag
Druck: Medienzentrum Süd, Köln

Bestell-Nr. 11 592

ISBN: 978-3-95686-569-5

Inhalt

! Grundaufgaben; ★ Expertenaufgaben

Inhalt

! Grundaufgaben; ★ Expertenaufgaben

Inhalt

! Grundaufgaben; ★ Expertenaufgaben

Inhalt

! Grundaufgaben; ★ Expertenaufgaben

Station	Seite(n)	!/★	E/P	benötigte Materialien
Texte und mathematische Sprache	75	★	E	Heft, Stift, Blatt
Sachaufgaben	75	★	E	Heft, Stift, Blatt
Schrägbilder von Prismen	77	!	E	Geodreieck, Heft, Stift, Blatt
Ganze Zahlen	77	!	E	Geodreieck, Heft, Stift, Blatt
Oberfläche von Würfel und Quader	79	!	E	Heft, Stift, Blatt *Tipp-Karte: Volumen und Oberfläche von Quadern*
Geometrische Netze	79	!	E	Heft, Stift, Blatt
Größen: Gewicht	81	!	E	Heft, Stift, Blatt
Größen: Zeit	81	!	E	Heft, Stift, Blatt
Größen gemischt	83	!	P	Heft, Stift, Blatt
Sachaufgaben: Zeit	83	!	E	Heft, Stift, Blatt
Verschiebungen	85	!	E	Geodreieck, Heft, Stift, Blatt
Parkettierungen	85	!	E	Geodreieck, Heft, Stift, Blatt
Runden von Zahlen	87	!	E	Heft, Stift, Blatt
Überschlägig rechnen	87	!	E	Heft, Stift, Blatt
Drehsymmetrische Figuren	89	!	E	Zirkel, Geodreieck, Heft, Stift, Blatt *Tipp-Karte: Drehsymmetrische Figuren*
Umfang von Parallelogrammen	89	!	E	Geodreieck, Heft, Stift, Blatt
Rechnen mit Geld	91	!	E	Heft, Stift, Blatt
Daten auswerten	91	!	E	Heft, Stift, Blatt *Tipp-Karte: Statistische Kennwerte*
Winkel einstellen mit dem Geodreieck	93	!	P	Klebestreifen, Bindfaden, Schere *Tipp-Karte:Winkelarten*
Schätzen von Winkeln	93	★	P	Schere *Tipp-Karte:Winkelarten*
Tipp-Karten	94, 95, 96			

Anleitung

Sehr geehrte Kollegen und Kolleginnen,

dieses Werk zum Stationenlernen im Mathematikunterricht soll Ihnen Ihre alltägliche Arbeit erleichtern. Dabei war es uns besonders wichtig Stationen zu kreieren, die möglichst schüler- und handlungsorientiert sind und mehrere Lerneingangskanäle ansprechen. Denn nur so kann Wissen langfristig gesichert und auch wieder abgerufen werden. Die Reihenfolge der Stationen ist frei wählbar. Dadurch können die Schüler in ihrem individuellen Arbeits- und Lerntempo vorgehen. Aber auch Sie als Lehrer können die Karten in unterschiedlichen Reihenfolgen verwenden. Durch den individuell ausfüllbaren Laufzettel wird bei dieser differenzierten Arbeitsform stets der Überblick gewahrt. Die Materialien eignen sich dank der möglichen Hilfestellungen durch die Tipp-Karten auch hervorragend für das selbstständige Lernen oder die Selbstlernzeit.
Im hinteren Bereich des Hefts finden Sie Tipp-Karten zu einzelnen Stationen.

Stationen:

Die Stationszettel enthalten bewusst keine Nummerierung, um einen flexiblen Einsatz zu gewährleisten. So kann jeder selbst entscheiden, welche Station bearbeitet werden soll. Dies können sowohl Stationen aus einem Bereich sein, ebenso gut dürfen auch Aufgaben aus allen Bereichen vermischt werden. Nach Belieben können Sie die Stationen jedoch auch nummerieren, um den Schülern die Zuordnung zu erleichtern.

Grund- und Expertenaufgaben:

Innerhalb der Bereiche gibt es Grundaufgaben, die mit einem Ausrufezeichen markiert sind, und Expertenaufgaben, die mit einem Stern gekennzeichnet sind. Die Grundaufgaben sollen von allen Schülern bearbeitet werden. Schwächere Schüler können hier oft auf Tipp-Karten zurückgreifen.
Die Expertenaufgaben enthalten vertiefende oder weiterführende Inhalte. Selbstverständlich können Sie je nach Leistungsstand Ihrer Klasse problemlos Stationen anders kennzeichnen, indem Sie **!** oder ★ übermalen und anders kennzeichnen.

Tipp-Karten:

Wie bereits erwähnt gibt es für einige Grundaufgaben Tipp-Karten. Es empfiehlt sich, die Tipp-Karten z. B. in Briefumschlägen verpackt den Stationen beizulegen oder sie sogar an einem separaten Ort zu platzieren. So überlegen die Kinder eher, ob sie einen Tipp benötigen oder nicht und werden nicht so stark dazu verleitet, aus Bequemlichkeit einen Blick darauf zu werfen.

Anleitung

Lösungen:

Wer die Aufgaben der Schüler korrigiert, hängt zum einen von der Lerngruppe und zum anderen von den Vorlieben des unterrichtenden Lehrers ab. So können Sie die Verbesserung der Schüleraufgaben selbst übernehmen, oder diese Aufgabe in die Verantwortung der Kinder übergeben. In diesem Fall haben Sie die Möglichkeit, die Karten einfach auszuschneiden und zu laminieren, es befindet sich dann direkt auf der Rückseite der Aufgabe die passende Lösung zur einfachen Selbstkontrolle. Alternativ können Sie die Seiten jedoch auch kopieren und die Lösungen, für die Schüler erkenntlich markiert, an einem passenden Ort positionieren.

Stationen-Laufzettel:

Der Stationen-Laufzettel ist so konzipiert, dass die Lehrkraft oder die Schüler die Stationsnummer (alternativ den Bereich) sowie den Stationsnamen eintragen. Die Kinder haken dann ab, wenn sie eine Station erledigt haben. Ein weiterer Haken wird gesetzt, wenn die Station korrigiert wurde. Dies geschieht entweder durch den Lehrer oder die Schüler selbst.

Symbole:

Heft 

Stift/Bleistift 

Blatt Papier 

Klebestreifen 

Schere 

Geodreieck 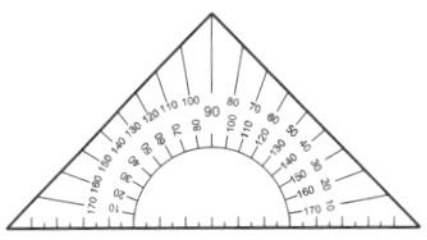

Bindfaden 

Zirkel 

Grundaufgabe 

Expertenaufgabe 

Einzelaufgabe 

Partneraufgabe 

Nach dieser kurzen Einführung wünscht Ihnen viel Spaß beim Einsatz der Materialien
Ihr Kohl-Verlag

Name: ______________________________ Datum: ____________________

Stationen-Laufzettel

Grundaufgaben

Station	Stationsname	erledigt ✓	korrigiert ✓

Expertenaufgaben:

Station	Stationsname	erledigt ✓	korrigiert ✓

KOHL VERLAG Kohls Stationenlernen Mathematik / 6. Schuljahr - Bestell-Nr. 11 592

Station E

Mathematische Grundfertigkeiten: Addition

Rechne die Aufgaben schriftlich aus. Kreuze die passende Lösung an. Aus den Kennbuchstaben der richtigen Lösungen ergibt sich ein Lösungswort.

A

	2	7	2	1	3
+	7	5	2	1	4

- ○ 112427 (A)
- ○ 103427 (M)
- ○ 102427 (S)

B

	8	4	3	5	7
+	9	3	9	6	5

- ○ 168322 (A)
- ○ 178322 (H)
- ○ 188322 (U)

C

	8	9	4	6	2
+	6	5	2	5	3

- ○ 144715 (N)
- ○ 154715 (O)
- ○ 153715 (F)

D

	4	8	7	9	8
+	5	2	8	3	6

- ○ 101634 (W)
- ○ 100634 (G)
- ○ 101534 (I)

E

	9	4	8	7	0
+	8	6	2	1	2

- ○ 171082 (K)
- ○ 181082 (D)
- ○ 180082 (A)

F

	8	1	5	3	9
+	4	6	9	7	7

- ○ 128516 (O)
- ○ 138516 (B)
- ○ 137516 (Ü)

G

	7	6	7	5	7
+	5	9	1	2	5

- ○ 125882 (E)
- ○ 134882 (R)
- ○ 135882 (W)

H

	8	7	5	8	1
+	4	6	8	0	6

- ○ 134387 (N)
- ○ 124387 (E)
- ○ 133387 (L)

Lösungswort:

A	B	C	D	E	F	G	H

Station E

Mathematische Grundfertigkeiten: Subtraktion

Rechne die Aufgaben schriftlich aus. Kreuze die passende Lösung an. Aus den Kennbuchstaben der richtigen Lösungen ergibt sich ein Lösungswort.

A

	7	3	2	1	3
–	4	5	2	7	4

- ○ 27939 (S)
- ○ 26939 (F)
- ○ 28939 (N)

B

	9	6	3	1	7
–	2	3	9	6	9

- ○ 62348 (U)
- ○ 72348 (O)
- ○ 71348 (A)

C

	8	1	4	6	2
–	4	5	2	8	3

- ○ 35179 (C)
- ○ 36279 (L)
- ○ 36179 (N)

D

	9	1	7	1	8
–	5	2	8	3	9

- ○ 37879 (K)
- ○ 39879 (H)
- ○ 38879 (N)

E

	9	6	8	7	0
–	3	5	9	8	2

- ○ 60888 (E)
- ○ 61888 (F)
- ○ 59888 (T)

F

	7	1	5	3	7
–	3	6	6	8	9

- ○ 35848 (A)
- ○ 34748 (E)
- ○ 34848 (N)

G

	5	3	7	5	3
–	2	8	9	6	5

- ○ 24788 (Ö)
- ○ 25788 (X)
- ○ 24888 (H)

H

	8	7	0	8	1
–	3	7	8	9	6

- ○ 49285 (R)
- ○ 49185 (L)
- ○ 48185 (I)

Lösungswort:

A	B	C	D	E	F	G	H

E

Station

Mathematische Grundfertigkeiten: Addition

!

Rechne die Aufgaben schriftlich aus. Kreuze die passende Lösung an. Aus den Kennbuchstaben der richtigen Lösungen ergibt sich ein Lösungswort.

A

	2	7	2	1	3
+	7	5	2	1	4
1	0	2	4	2	7

☒ 102427 (S)

B

	8	4	3	5	7
+	9	3	9	6	5
1	7	8	3	2	2

☒ 178322 (H)

C

	8	9	4	6	2
+	6	5	2	5	3
1	5	4	7	1	5

☒ 154715 (O)

D

	4	8	7	9	8
+	5	2	8	3	6
1	0	1	6	3	4

☒ 101634 (W)

E

	9	4	8	7	0
+	8	6	2	1	2
1	8	1	0	8	2

☒ 181082 (D)

F

	8	1	5	3	9
+	4	6	9	7	7
1	2	8	5	1	6

☒ 128516 (O)

G

	7	6	7	5	7
+	5	9	1	2	5
1	3	5	8	8	2

☒ 135882 (W)

H

	8	7	5	8	1
+	4	6	8	0	6
1	3	4	3	8	7

☒ 134387 (N)

Lösungswort:

A	S
B	H
C	O
D	W
E	D
F	O
G	W
H	N

E

Station

Mathematische Grundfertigkeiten: Subtraktion

!

Rechne die Aufgaben schriftlich aus. Kreuze die passende Lösung an. Aus den Kennbuchstaben der richtigen Lösungen ergibt sich ein Lösungswort.

A

	7	3	2	1	3
–	4	5	2	7	4
	2	7	9	3	9

☒ 27939 (S)

B

	9	6	3	1	7
–	2	3	9	6	9
	7	2	3	4	8

☒ 72348 (O)

C

	8	1	4	6	2
–	4	5	2	8	3
	3	6	1	7	9

☒ 36179 (N)

D

	9	1	7	1	8
–	5	2	8	3	9
	3	8	8	7	9

☒ 38879 (N)

E

	9	6	8	7	0
–	3	5	9	8	2
	6	0	8	8	8

☒ 60888 (E)

F

	7	1	5	3	7
–	3	6	6	8	9
	3	4	8	4	8

☒ 34848 (N)

G

	5	3	7	5	3
–	2	8	9	6	5
	2	4	7	8	8

☒ 24788 (Ö)

H

	8	7	0	8	1
–	3	7	8	9	6
	4	9	1	8	5

☒ 49185 (L)

Lösungswort:

A	S
B	O
C	N
D	N
E	E
F	N
G	Ö
H	L

Kohls Stationenlernen Mathematik / 6. Schuljahr – Bestell-Nr. 11 593

Station E

Mathematische Grundfertigkeiten: Multiplikation

Multipliziere schriftlich. Die Kennbuchstaben bei den richtigen Ergebnissen liefern dir das Lösungswort.

Aufgabe	Rechnung			
A	97 • 53	M 5131	S 5141	B 5151
B	68 • 74	K 5032	A 5132	O 5042
C	83 • 65	N 5295	R 5385	U 5395
D	49 • 72	T 3628	U 3428	L 3528
E	75 • 83	P 6225	I 5225	M 6125
F	49 • 74	T 3626	E 3526	Q 3728
G	56 • 98	N 5288	T 5388	U 5488
H	87 • 43	T 3541	E 3641	R 3741

Lösungswort:

A	B	C	D	E	F	G	H

Station E

Mathematische Grundfertigkeiten: Multiplikation

Multipliziere schriftlich. Die Kennbuchstaben bei den richtigen Ergebnissen liefern dir das Lösungswort.

Aufgabe	Rechnung			
A	793 • 68	S 52924	E 53824	M 53924
B	584 • 39	O 22776	R 21776	L 23776
C	487 • 63	O 31681	S 29681	N 30681
D	819 • 37	K 29030	U 30303	W 31303
E	645 • 45	M 29025	E 28025	Ö 27025
F	724 • 65	N 47050	K 48050	E 47060
G	853 • 43	K 35679	N 36679	I 37679
H	746 • 94	G 69124	E 70024	T 70124

Lösungswort:

A	B	C	D	E	F	G	H

Station E

Mathematische Grundfertigkeiten: Multiplikation

Multipliziere schriftlich. Die Kennbuchstaben bei den richtigen Ergebnissen liefern dir das Lösungswort.

A
97 · 53
485
291
5141
S 5141

B
68 · 74
476
272
5032
K 5032

C
83 · 65
498
415
5395
U 5395

D
49 · 72
343
98
3528
L 3528

E
75 · 83
600
225
6225
P 6225

F
49 · 74
343
196
3626
T 3626

G
56 · 98
504
448
5488
U 5488

H
87 · 43
348
261
3741
R 3741

	A	B	C	D	E	F	G	H
Lösungswort:	S	K	U	L	P	T	U	R

Station E

Mathematische Grundfertigkeiten: Multiplikation

Multipliziere schriftlich. Die Kennbuchstaben bei den richtigen Ergebnissen liefern dir das Lösungswort.

A
793 · 68
4758
6344
53924
M 53924

B
584 · 39
1752
5256
22776
O 22776

C
487 · 63
2922
1461
30681
N 30681

D
819 · 37
2457
5733
30303
U 30303

E
645 · 45
2580
3225
29025
M 29025

F
724 · 65
4344
3620
47060
E 47060

G
853 · 43
3412
2559
36679
N 36679

H
746 · 94
6714
2984
70124
T 70124

	A	B	C	D	E	F	G	H
Lösungswort:	M	O	N	U	M	E	N	T

Station E

Mathematische Grundfertigkeiten: Division

Dividiere schriftlich. Die Kennbuchstaben bei den richtigen Lösungen ergeben ein Lösungswort.

A 2 2 1 2 : 2 8 =
- (K) 79
- (P) 89
- (L) 69

B 5 3 0 1 : 9 3 =
- (K) 67
- (S) 47
- (O) 57

C 3 5 5 1 : 6 7 =
- (I) 43
- (C) 53
- (T) 63

D 4 5 5 7 : 4 9 =
- (P) 73
- (T) 83
- (H) 93

E 2 1 8 4 : 2 6 =
- (T) 84
- (M) 87
- (I) 94

F 3 9 9 5 : 8 5 =
- (T) 44
- (M) 45
- (O) 47

G 2 6 4 6 : 4 2 =
- (I) 53
- (P) 63
- (C) 73

H 3 6 8 6 : 3 8 =
- (N) 87
- (F) 97
- (C) 99

Lösungswort:

A	B	C	D	E	F	G	H

Station E

Mathematische Grundfertigkeiten: Brüche erkennen

Welcher Bruchteil ist grau eingefärbt? Die Buchstaben bei den richtigen Antworten ergeben ein Lösungswort.

A

- $\frac{2}{9}$ (N)
- $\frac{2}{7}$ (O)
- $\frac{2}{8}$ (W)

B

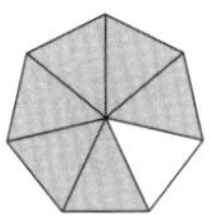

- $\frac{7}{8}$ (R)
- $\frac{5}{7}$ (E)
- $\frac{6}{7}$ (A)

C

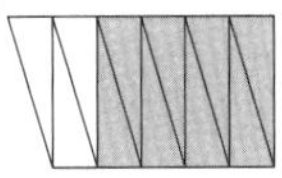

- $\frac{8}{11}$ (C)
- $\frac{9}{11}$ (I)
- $\frac{7}{11}$ (L)

D

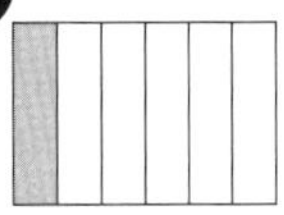

- $\frac{1}{5}$ (T)
- $\frac{1}{6}$ (H)
- $\frac{1}{4}$ (O)

E

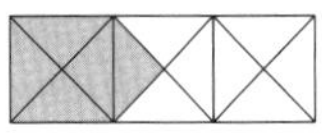

- $\frac{5}{12}$ (T)
- $\frac{5}{13}$ (W)
- $\frac{5}{14}$ (N)

F

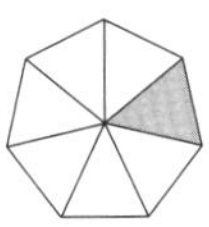

- $\frac{1}{9}$ (U)
- $\frac{1}{8}$ (N)
- $\frac{1}{7}$ (I)

G

- $\frac{9}{14}$ (G)
- $\frac{9}{12}$ (E)
- $\frac{9}{13}$ (N)

H

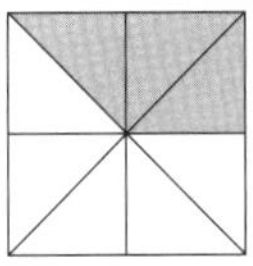

- $\frac{3}{7}$ (D)
- $\frac{3}{8}$ (A)
- $\frac{4}{7}$ (B)

I

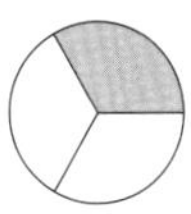

- $\frac{1}{5}$ (E)
- $\frac{1}{4}$ (K)
- $\frac{1}{3}$ (L)

J

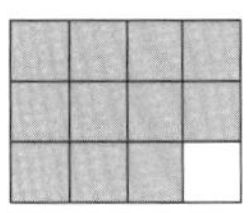

- $\frac{11}{13}$ (F)
- $\frac{11}{12}$ (L)
- $\frac{11}{15}$ (R)

Lösungswort:

A	B	C	D	E	F	G	H	I	J

Station E

Mathematische Grundfertigkeiten: Division

Dividiere schriftlich. Die Kennbuchstaben bei den richtigen Lösungen ergeben ein Lösungswort.

A 2212 : 28 = 79
```
2212 : 28 = 79
196
 252
 252
   0
```
(K) 79

B 5301 : 93 = 57
```
5301 : 93 = 57
465
 651
 651
   0
```
(O) 57

C 3551 : 67 = 53
```
3551 : 67 = 53
335
 201
 201
   0
```
(C) 53

D 4557 : 49 = 93
```
4557 : 49 = 93
441
 147
 147
   0
```
(H) 93

E 2184 : 26 = 84
```
2184 : 26 = 84
208
 104
 104
   0
```
(T) 84

F 3995 : 85 = 47
```
3995 : 85 = 47
340
 595
 595
   0
```
(O) 47

G 2646 : 42 = 63
```
2646 : 42 = 63
252
 126
 126
   0
```
(P) 63

H 3686 : 38 = 97
```
3686 : 38 = 97
342
 266
 266
   0
```
(F) 97

Lösungswort:

A	B	C	D	E	F	G	H
K	O	C	H	T	O	P	F

Station E

Mathematische Grundfertigkeiten: Brüche erkennen

Welcher Bruchteil ist grau eingefärbt? Die Buchstaben bei den richtigen Antworten ergeben ein Lösungswort.

A
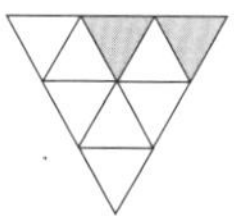
☒ $\frac{2}{9}$ (N)

B
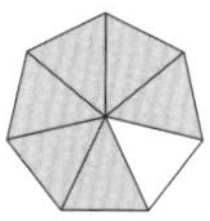
☒ $\frac{6}{7}$ (A)

C
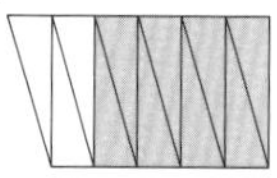
☒ $\frac{8}{11}$ (C)

D
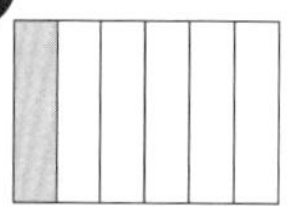
☒ $\frac{1}{6}$ (H)

E
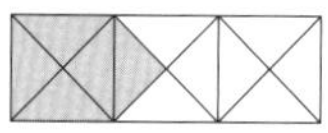
☒ $\frac{5}{12}$ (T)

F
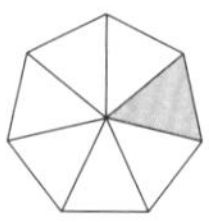
☒ $\frac{1}{7}$ (I)

G

☒ $\frac{9}{14}$ (G)

H
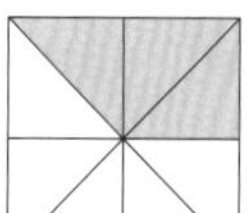
☒ $\frac{3}{8}$ (A)

I
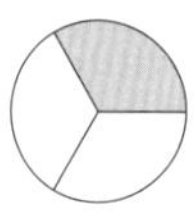
☒ $\frac{1}{3}$ (L)

J
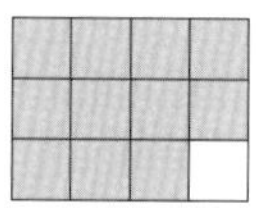
☒ $\frac{11}{12}$ (L)

Lösungswort:

A	N
B	A
C	C
D	H
E	T
F	I
G	G
H	A
I	L
J	L

Station E

Mathematische Grundfertigkeiten: Ausmalen von Bruchteilen

Male den angegebenen Bruchteil der Fläche aus.

A $\frac{2}{3}$

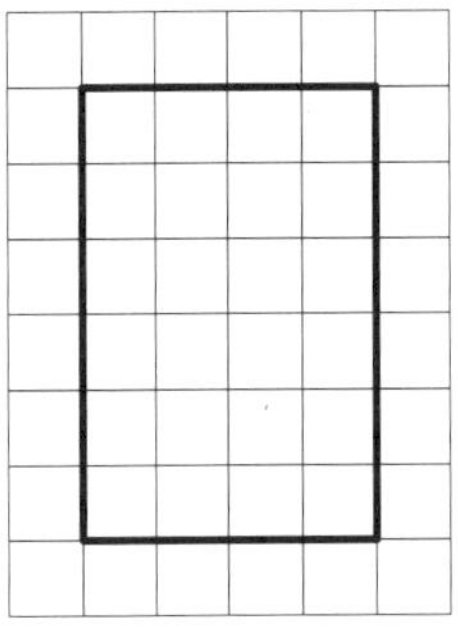

B $\frac{4}{5}$

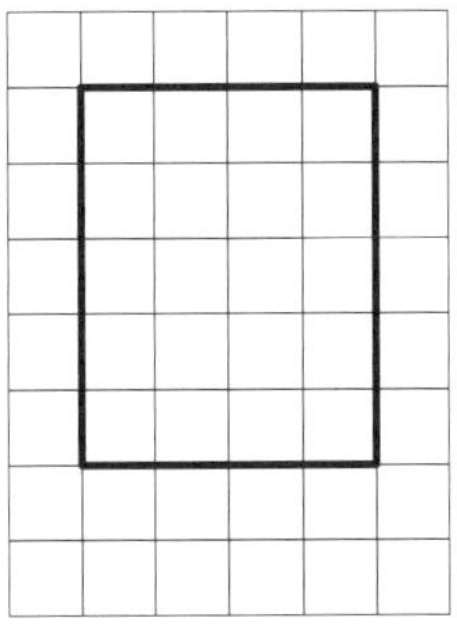

C $\frac{3}{4}$

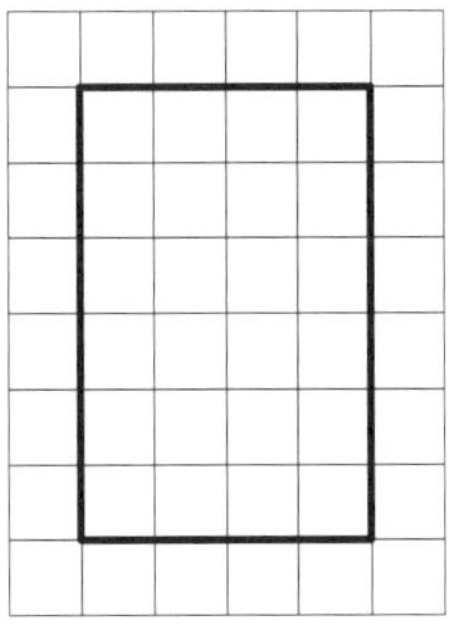

D $\frac{3}{8}$

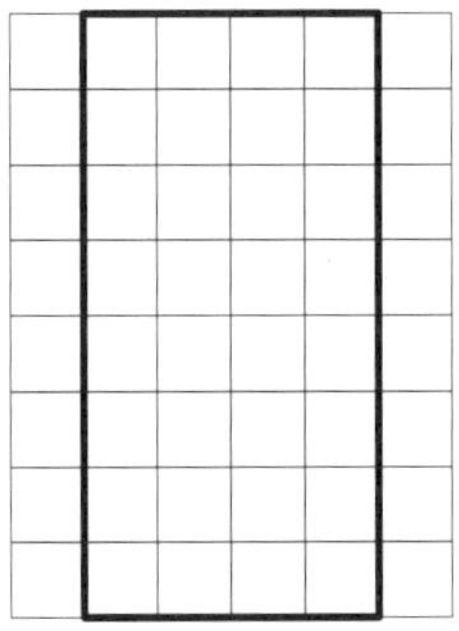

E $\frac{5}{6}$

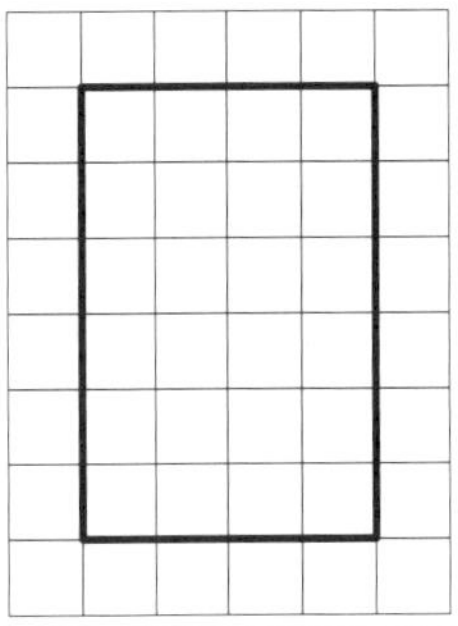

F $\frac{4}{7}$

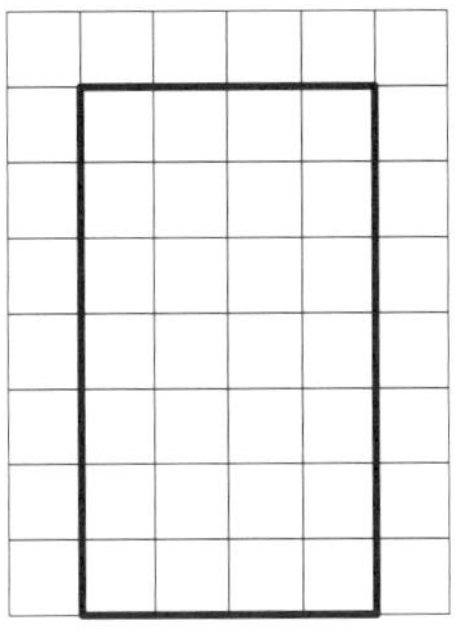

G $\frac{4}{9}$

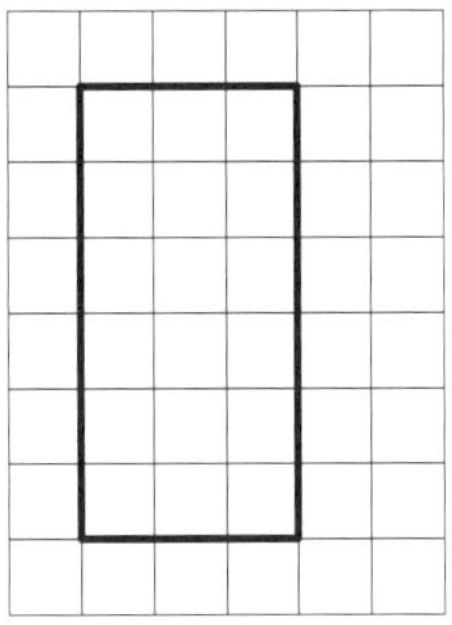

H $\frac{1}{2}$

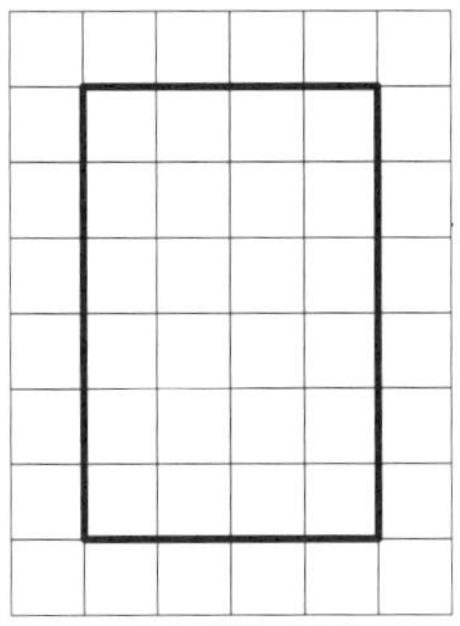

Station E

Mathematische Grundfertigkeiten: Brüche zuordnen

Ordne den dargestellten Brüche die richtige Bruchzahl zu und verbinde die Aufgaben mit den zugehörigen Lösungen. Aus den Buchstaben, die auf den Verbindungslinien liegen, ergibt sich ein Lösungswort.

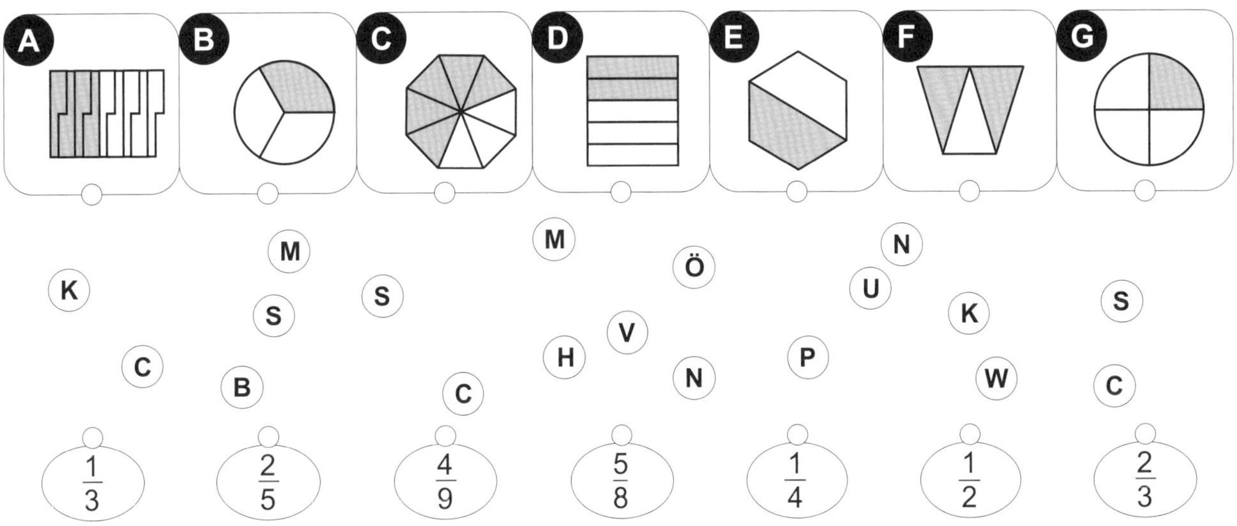

Lösungswort:

A	B	C	D	E	F	G

Station E

Mathematische Grundfertigkeiten: Ausmalen von Bruchteilen

Male den angegebenen Bruchteil der Fläche aus.

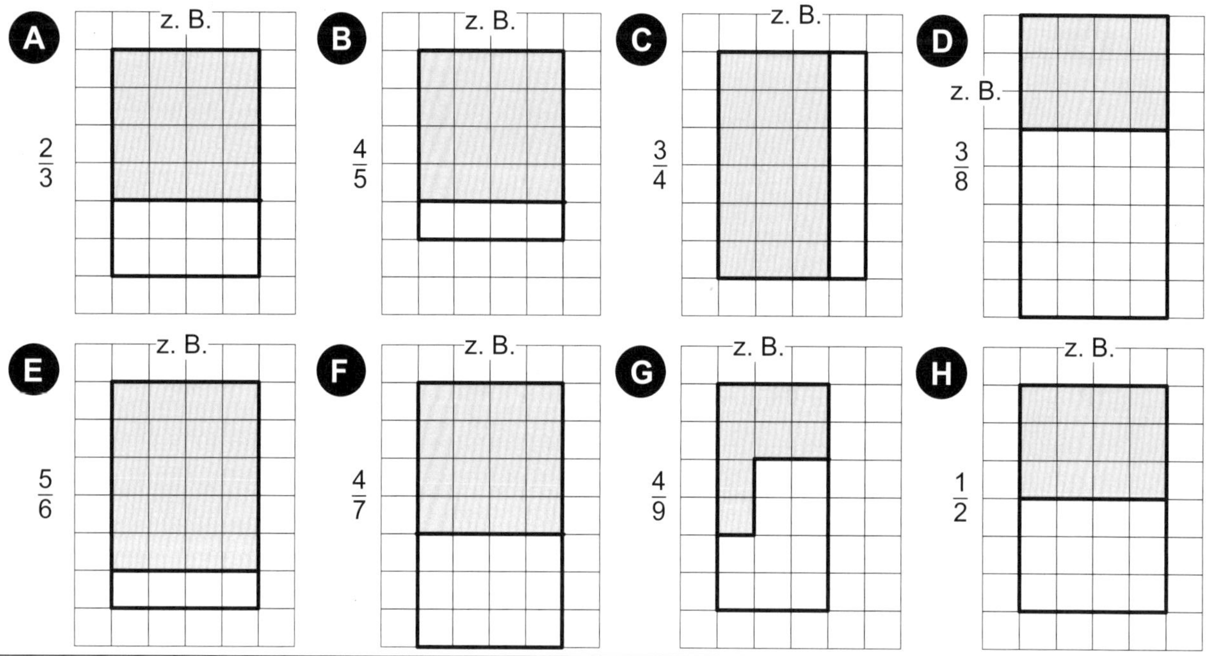

Station E

Mathematische Grundfertigkeiten: Brüche zuordnen

Ordne den dargestellten Brüche die richtige Bruchzahl zu und verbinde die Aufgaben mit den zugehörigen Lösungen. Aus den Buchstaben, die auf den Verbindungslinien liegen, ergibt sich ein Lösungswort.

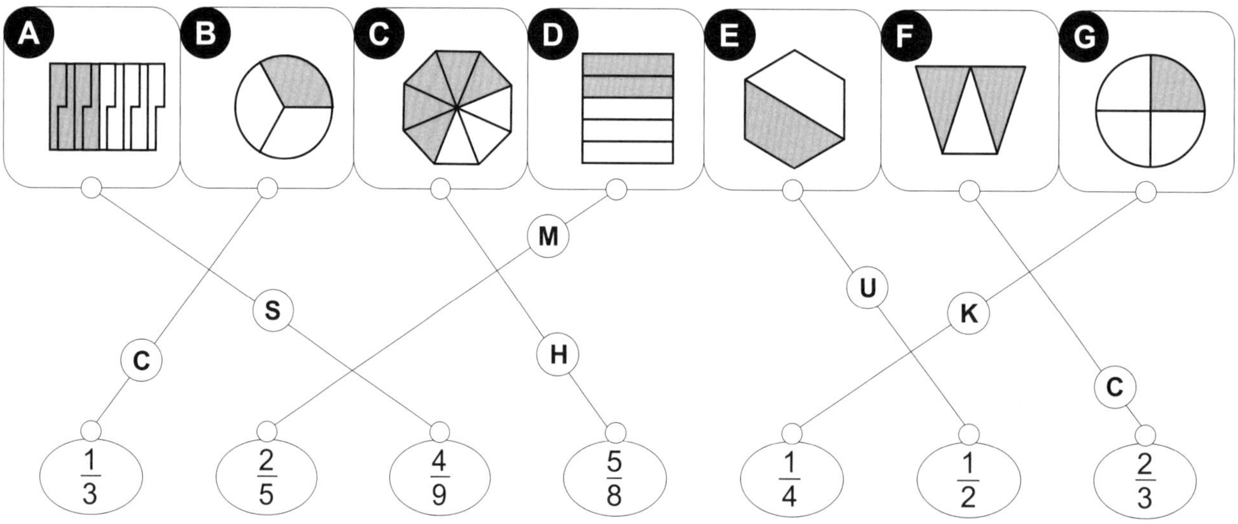

Lösungswort:

A	B	C	D	E	F	G
S	C	H	M	U	C	K

Station E

Teiler und Vielfache

Schreibe r (richtig) oder f (falsch) in die grauen Kästchen.

A

- 5 ist Teiler von 35
- 15 ist Teiler von 255
- 3 ist nicht Teiler von 81
- 8 ist Teiler von 56
- 9 ist Teiler von 106
- 7 ist Teiler von 91
- 13 ist Teiler von 158
- 2 ist Teiler von 110004
- 6 ist Teiler von 84

B

- 65 ist Vielfaches von 3
- 47 ist Vielfaches von 47
- 10255 ist Vielfaches von 1
- 50 ist Vielfaches von 7
- 42 ist Vielfaches von 84
- 88 ist Vielfaches von 4
- 171 ist Vielfaches von 11
- 108 ist nicht Vielfaches von 9
- 1225 ist Vielfaches von 25

Station P

Teilbarkeit von Zahlen

Markiert in den Tabellen, ob die Zahlen jeweils teilbar sind.

A

Zahl	teilbar durch		
	2	5	10
245			
378			
750			
661			

B

Zahl	teilbar durch		
	2	8	25
200			
150			
175			
82			

C

Zahl	teilbar durch		
	3	6	9
132			
243			
798			
162			

D

Zahl	teilbar durch		
	2	5	10
855			
244			
65			
330			

E

Zahl	teilbar durch		
	2	8	25
160			
300			
73			
175			

F

Zahl	teilbar durch		
	3	6	9
486			
390			
5175			
7869			

Station E

Teiler und Vielfache

Schreibe r (richtig) oder f (falsch) in die grauen Kästchen.

A

5 ist Teiler von 35	**r**
15 ist Teiler von 255	**r**
3 ist nicht Teiler von 81	**f**
8 ist Teiler von 56	**r**
9 ist Teiler von 106	**f**
7 ist Teiler von 91	**r**
13 ist Teiler von 158	**f**
2 ist Teiler von 110004	**r**
6 ist Teiler von 84	**r**

B

65 ist Vielfaches von 3	**f**
47 ist Vielfaches von 47	**r**
10255 ist Vielfaches von 1	**r**
50 ist Vielfaches von 7	**f**
42 ist Vielfaches von 84	**f**
88 ist Vielfaches von 4	**r**
171 ist Vielfaches von 11	**f**
108 ist nicht Vielfaches von 9	**f**
1225 ist Vielfaches von 25	**r**

Station P

Teilbarkeit von Zahlen

Markiert in den Tabellen, ob die Zahlen jeweils teilbar sind.

A

Zahl	teilbar durch		
	2	5	10
245		X	
378	X		
750	X	X	X
661			

B

Zahl	teilbar durch		
	2	8	25
200	X	X	X
150	X		X
175			X
82	X		

C

Zahl	teilbar durch		
	3	6	9
132	X	X	
243	X		X
798	X	X	
162	X	X	X

D

Zahl	teilbar durch		
	2	5	10
855		X	
244	X		
65		X	
330	X	X	X

E

Zahl	teilbar durch		
	2	8	25
160	X	X	
300	X		X
73			
175			X

F

Zahl	teilbar durch		
	3	6	9
486	X	X	X
390	X	X	
5175	X		X
7869	X		

Kohls Stationenlernen Mathematik / 6. Schuljahr – Bestell-Nr. 11 593

Station

Teiler- und Vielfachmengen

A Welche Teilermenge ist das? Setzt die fehlenden Zahlen ein.

$T_{\_\_\_}$ = { ___ ; 5 }

$T_{\_\_\_}$ = { 1; 2; 5; 10; ___ ; ___ }

$T_{\_\_\_}$ = { 1; 2; ___ ; ___ ; 6; ___ }

$T_{\_\_\_}$ = { ___ ; 7; ___ }

$T_{\_\_\_}$ = { ___ ; ___ ; 17; 51 }

$T_{\_\_\_}$ = { ___ ; ___ ; ___ ; ___ ; 6; ___ ; 15; ___ }

B Welche Vielfachmenge ist es? Setzt die fehlenden Zahlen ein.

$V_{\_\_\_}$ = { ___ ; 18; ___ ; 36 ; ___ ; ___ ; ... }

$V_{\_\_\_}$ = { ___ ; ___ ; ___ ; 28; ___ ; 42; ... }

$V_{\_\_\_}$ = { ___ ; ___ ; 36 ; ___ ; ___ ; ... }

$V_{\_\_\_}$ = { ___ ; ___ ; 42 ; ___ ; ___ ; ... }

$V_{\_\_\_}$ = { ___ ; 36; ___ ; 72 ; 90 ; ___ ; ... }

Station

Primfaktorzerlegung

A Welche Zahl wurde in Primfaktoren zerlegt?

___ = $3 \cdot 5 \cdot 23$

___ = $3^3 \cdot 19$

___ = $2 \cdot 5^3$

___ = $2^2 \cdot 7^2$

___ = $2^4 \cdot 5^2$

___ = $2^2 \cdot 3^2 \cdot 11$

___ = $2^2 \cdot 7 \cdot 29$

___ = $2^2 \cdot 3 \cdot 47$

___ = $2 \cdot 3^2 \cdot 5 \cdot 7 \cdot 11$

___ = $2^5 \cdot 3 \cdot 5 \cdot 11$

___ = $2^5 \cdot 3^2 \cdot 11$

B Zerlegt die Zahlen in ihre Primfaktoren.

348 = ___ • ___ • ___

462 = ___ • ___ • ___ • ___

360 = ___ • ___ • ___

4 095 = ___ • ___ • ___ • ___

5 145 = ___ • ___ • ___

594 = ___ • ___ • ___

990 = ___ • ___ • ___ • ___

2 310 = ___ • ___ • ___ • ___ • ___

4 320 = ___ • ___ • ___

1 800 = ___ • ___ • ___

92 400 = ___ • ___ • ___ • ___ • ___

Station

Teiler- und Vielfachmengen

A Welche Teilermenge ist das? Setzt die fehlenden Zahlen ein.

T_{5} = { 1 ; 5 }

T_{50} = { 1; 2; 5; 10; 25 ; 50 }

T_{12} = { 1; 2; 3 ; 4 ; 6; 12 }

T_{49} = { 1 ; 7; 49 }

T_{51} = { 1 ; 3 ; 17; 51 }

T_{30} = { 1 ; 2 ; 3 ; 5 ; 6; 10 ; 15; 30 }

B Welche Vielfachmenge ist es? Setzt die fehlenden Zahlen ein.

V_{9} = { 9 ; 18; 27 ; 36 ; 45 ; 54 ; ... }

V_{7} = { 7 ; 14 ; 21 ; 28 ; 35 ; 42; ... }

V_{12} = { 12 ; 24 ; 36 ; 48 ; 60 ; ... }

V_{14} = { 14 ; 28 ; 42 ; 56 ; 70 ; ... }

V_{18} = { 18 ; 36; 54 ; 72 ; 90 ; 108 ; ... }

Station

Primfaktorzerlegung

A Welche Zahl wurde in Primfaktoren zerlegt?

$345 = 3 \cdot 5 \cdot 23$

$513 = 3^3 \cdot 19$

$250 = 2 \cdot 5^3$

$196 = 2^2 \cdot 7^2$

$400 = 2^4 \cdot 5^2$

$396 = 2^2 \cdot 3^2 \cdot 11$

$812 = 2^2 \cdot 7 \cdot 29$

$564 = 2^2 \cdot 3 \cdot 47$

$6\,930 = 2 \cdot 3^2 \cdot 5 \cdot 7 \cdot 11$

$5\,280 = 2^5 \cdot 3 \cdot 5 \cdot 11$

$3\,168 = 2^5 \cdot 3^2 \cdot 11$

B Zerlegt die Zahlen in ihre Primfaktoren.

$348 = 2^2 \cdot 3 \cdot 29$

$462 = 2 \cdot 3 \cdot 7 \cdot 11$

$360 = 2^3 \cdot 3^2 \cdot 5$

$4\,095 = 3^2 \cdot 5 \cdot 7 \cdot 13$

$5\,145 = 3 \cdot 5 \cdot 7^3$

$594 = 2 \cdot 3^3 \cdot 11$

$990 = 2 \cdot 3^2 \cdot 5 \cdot 11$

$2\,310 = 2 \cdot 3 \cdot 5 \cdot 7 \cdot 11$

$4\,320 = 2^5 \cdot 3^3 \cdot 5$

$1\,800 = 2^3 \cdot 3^2 \cdot 5^2$

$92\,400 = 2^4 \cdot 3 \cdot 5^2 \cdot 7 \cdot 11$

Kohls Stationenlernen Mathematik / 6. Schuljahr • Bestell-Nr. 11 592

Station

Addition gleichnamiger Brüche

Wie lauten die Aufgaben zur Addition von Brüchen? Was erhaltet ihr als Ergebnis?
Färbt die entsprechenden Felder.

A
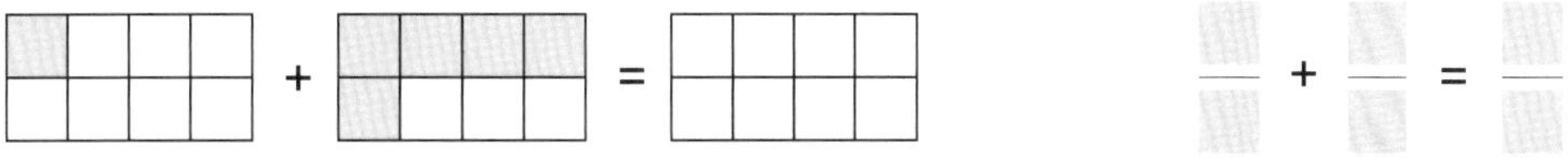

B
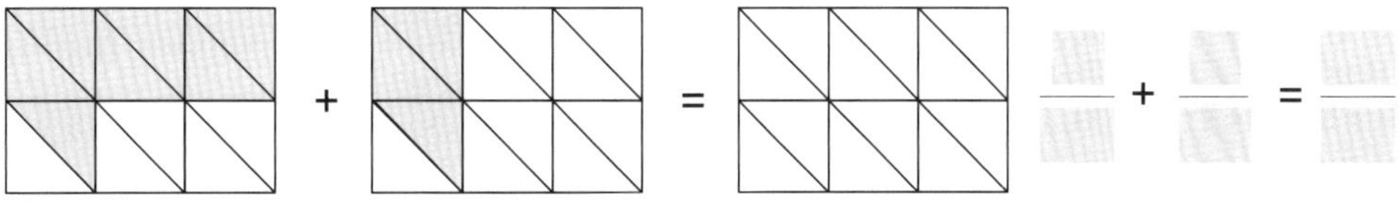

C
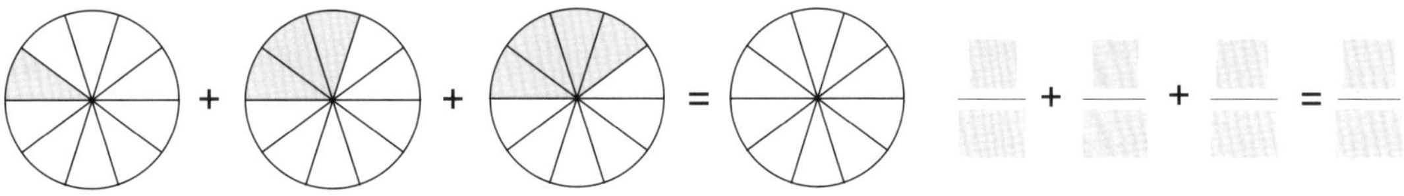

D
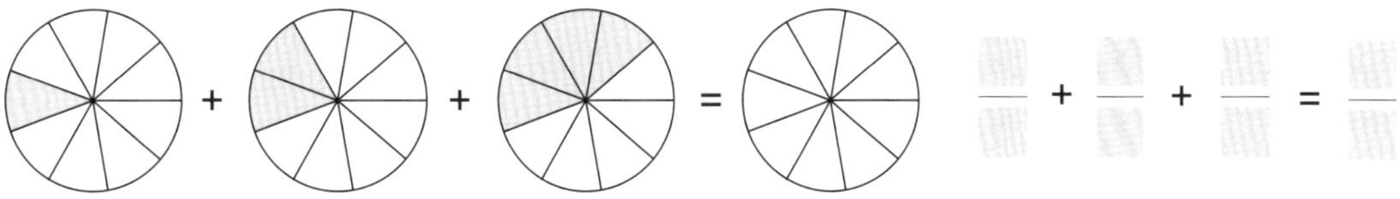

Kohls Stationenlernen Mathematik / 6. Schuljahr - Bestell-Nr. 11 592

Station

Subtraktion gleichnamiger Brüche

Wie lauten die Aufgaben zur Subtraktion von Brüchen? Was erhaltet ihr als Ergebnis?
Färbt die entsprechenden Felder.

A
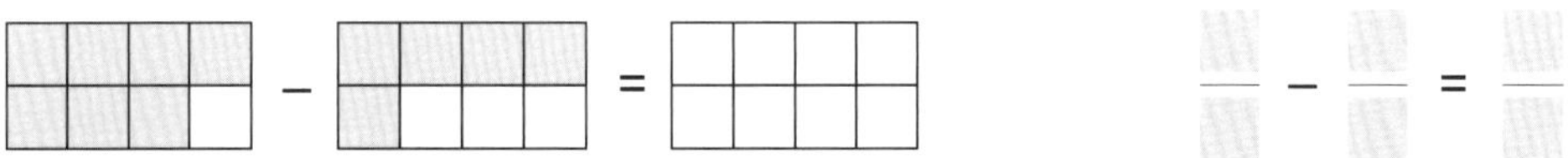

B
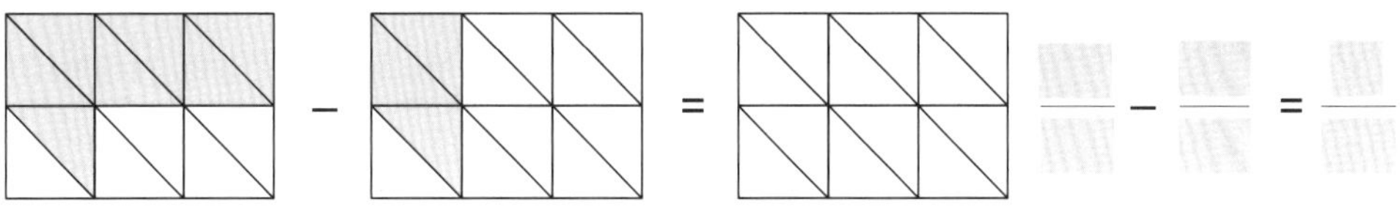

C
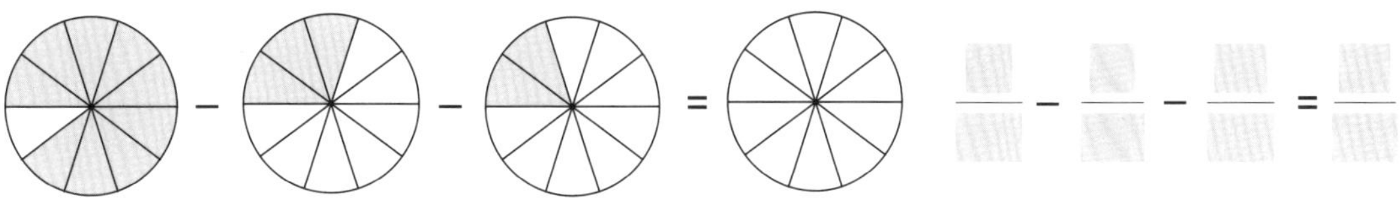

D
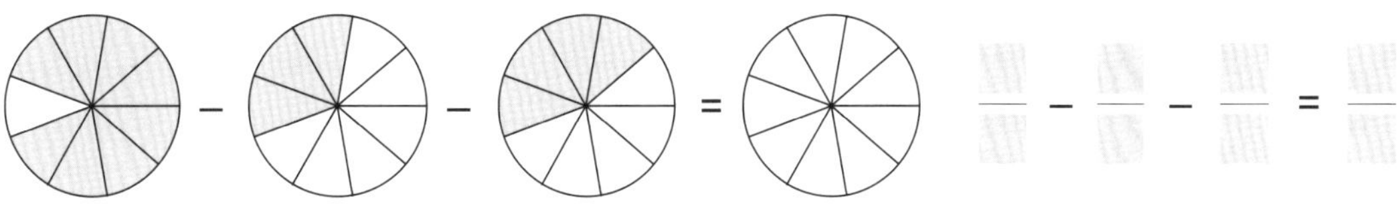

Station

Addition gleichnamiger Brüche

Wie lauten die Aufgaben zur Addition von Brüchen? Was erhaltet ihr als Ergebnis?
Färbt die entsprechenden Felder.

A 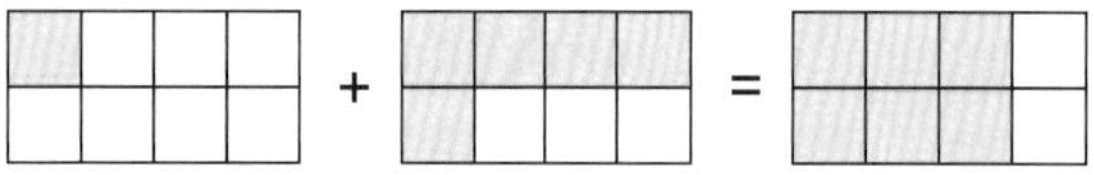

$\frac{1}{8} + \frac{5}{8} = \frac{6}{8}$

B 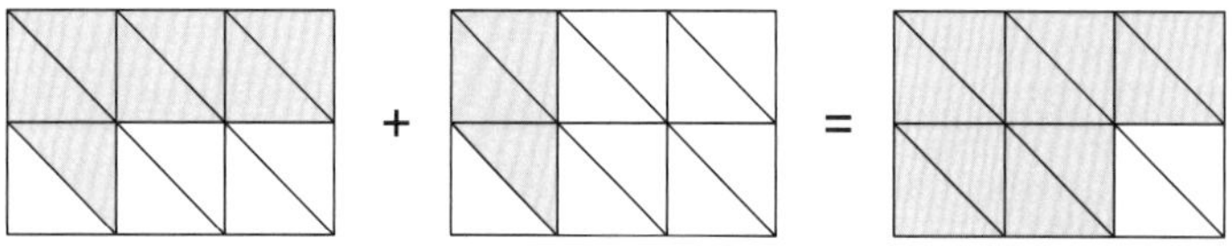

$\frac{7}{12} + \frac{3}{12} = \frac{10}{12}$

C 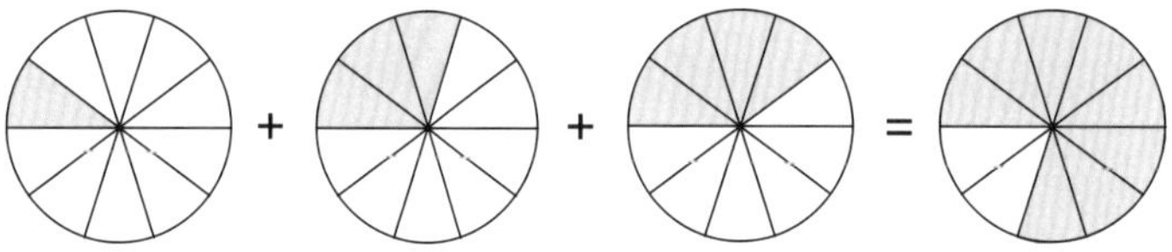

$\frac{1}{10} + \frac{3}{10} + \frac{4}{10} = \frac{8}{10}$

D 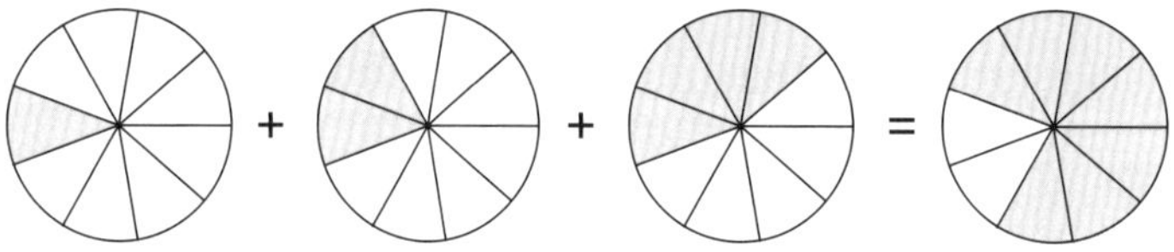

$\frac{1}{9} + \frac{2}{9} + \frac{4}{9} = \frac{7}{9}$

Kohls Stationenlernen Mathematik / 6. Schuljahr - Bestell-Nr. 11 592

Station

Subtraktion gleichnamiger Brüche

Wie lauten die Aufgaben zur Subtraktion von Brüchen? Was erhältet ihr als Ergebnis?
Färbt die entsprechenden Felder.

A 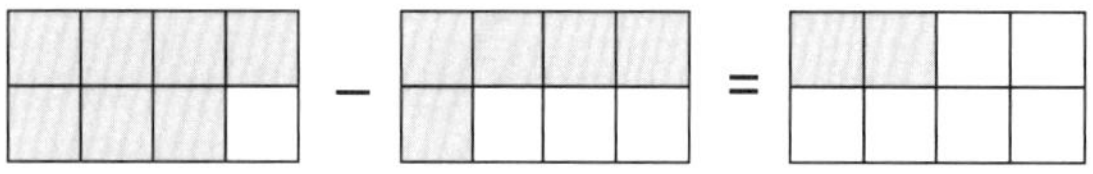

$\frac{7}{8} - \frac{5}{8} = \frac{2}{8}$

B 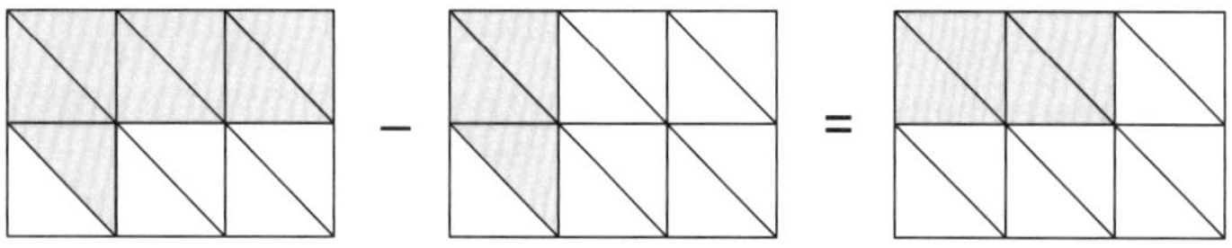

$\frac{7}{12} - \frac{3}{12} = \frac{4}{12}$

C 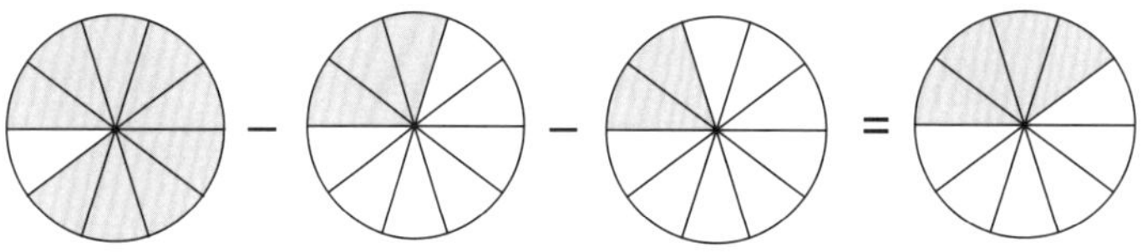

$\frac{9}{10} - \frac{3}{10} - \frac{2}{10} = \frac{4}{10}$

D 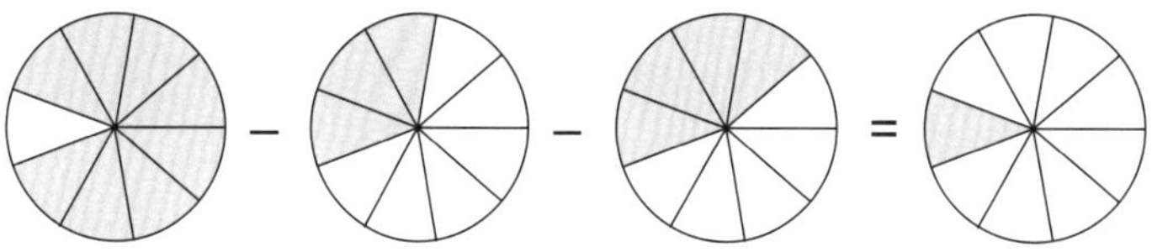

$\frac{8}{9} - \frac{3}{9} - \frac{4}{9} = \frac{1}{9}$

Kohls Stationenlernen Mathematik / 6. Schuljahr - Bestell-Nr. 11 592

Station

Addition und Subtraktion gleichnamiger Brüche

Addiert bzw. subtrahiert die Brüche und tragt die Ergebnisse in die grauen Kästchen ein.

A	B	C	D
$\frac{2}{9} + \frac{5}{9} =$	$\frac{2}{7} + \frac{4}{7} =$	$\frac{1}{3} + \frac{1}{3} =$	$\frac{12}{19} + \frac{5}{19} =$
$\frac{5}{7} - \frac{3}{7} =$	$\frac{5}{9} - \frac{4}{9} =$	$\frac{7}{15} - \frac{3}{15} =$	$\frac{17}{30} - \frac{6}{30} =$
$\frac{1}{5} + \frac{3}{5} =$	$\frac{1}{10} + \frac{7}{10} =$	$\frac{1}{11} + \frac{7}{11} =$	$\frac{2}{7} + \frac{3}{7} =$
$\frac{7}{11} - \frac{4}{11} =$	$\frac{7}{11} - \frac{5}{11} =$	$\frac{7}{10} - \frac{4}{10} =$	$\frac{11}{23} - \frac{6}{23} =$
$\frac{5}{12} + \frac{2}{12} =$	$\frac{3}{8} + \frac{4}{8} =$	$\frac{2}{19} + \frac{11}{19} =$	$\frac{7}{10} + \frac{2}{10} =$
$\frac{5}{8} - \frac{3}{8} =$	$\frac{11}{19} - \frac{5}{19} =$	$\frac{11}{20} - \frac{2}{20} =$	$\frac{6}{7} - \frac{4}{7} =$
$\frac{4}{13} + \frac{5}{13} =$	$\frac{5}{18} + \frac{7}{18} =$	$\frac{7}{17} + \frac{8}{17} =$	$\frac{1}{6} + \frac{3}{6} =$
$\frac{9}{10} - \frac{2}{10} =$	$\frac{9}{11} - \frac{5}{11} =$	$\frac{2}{3} - \frac{1}{3} =$	$\frac{9}{13} - \frac{5}{13} =$

Station

Bruchteile von Größen

Rechnet jede Aufgabe im Kopf. Verbindet die Aufgabe mit der zugehörigen Lösung. Aus den Kennbuchstaben der richtigen Antworten ergibt sich ein Lösungswort.

Aufgabe	Lösung	
A $\frac{1}{7}$ von 350 m^2 =	60 m^2	MI
	70 m^2	RE
	50 m^2	NE
B $\frac{9}{14}$ von 182 t =	117 t	UN
	118 t	NI
	119 t	VI
C $\frac{2}{9}$ von 360 € =	75 €	GO
	80 €	AU
	90 €	SI
D $\frac{3}{5}$ von 125 cm =	65 cm	LF
	70 cm	ON
	75 cm	GE

Lösungswort:

A	B	C	D

Aufgabe	Lösung	
E $\frac{4}{9}$ von 81 km =	45 km	TA
	36 km	RE
	27 km	WE
F $\frac{5}{6}$ von 720 t =	500 t	BA
	550 t	ST
	600 t	VA
G $\frac{4}{19}$ von 266 m =	56 m	NC
	60 m	KB
	65 m	FA
H $\frac{3}{5}$ von 10 dm =	6 dm	HE
	5 dm	LE
	2 dm	AU

Lösungswort:

E	F	G	H

Station (P)

Addition und Subtraktion gleichnamiger Brüche

Addiert bzw. subtrahiert die Brüche und tragt die Ergebnisse in die grauen Kästchen ein.

A	B	C	D
$\frac{2}{9}+\frac{5}{9}=\frac{7}{9}$	$\frac{2}{7}+\frac{4}{7}=\frac{6}{7}$	$\frac{1}{3}+\frac{1}{3}=\frac{2}{3}$	$\frac{12}{19}+\frac{5}{19}=\frac{17}{19}$
$\frac{5}{7}-\frac{3}{7}=\frac{2}{7}$	$\frac{5}{9}-\frac{4}{9}=\frac{1}{9}$	$\frac{7}{15}-\frac{3}{15}=\frac{4}{15}$	$\frac{17}{30}-\frac{6}{30}=\frac{11}{30}$
$\frac{1}{5}+\frac{3}{5}=\frac{4}{5}$	$\frac{1}{10}+\frac{7}{10}=\frac{8}{10}$	$\frac{1}{11}+\frac{7}{11}=\frac{8}{11}$	$\frac{2}{7}+\frac{3}{7}=\frac{5}{7}$
$\frac{7}{11}-\frac{4}{11}=\frac{3}{11}$	$\frac{7}{11}-\frac{5}{11}=\frac{2}{11}$	$\frac{7}{10}-\frac{4}{10}=\frac{3}{10}$	$\frac{11}{23}-\frac{6}{23}=\frac{5}{23}$
$\frac{5}{12}+\frac{2}{12}=\frac{7}{12}$	$\frac{3}{8}+\frac{4}{8}=\frac{7}{8}$	$\frac{2}{19}+\frac{11}{19}=\frac{13}{19}$	$\frac{7}{10}+\frac{2}{10}=\frac{9}{10}$
$\frac{5}{8}-\frac{3}{8}=\frac{2}{8}$	$\frac{11}{19}-\frac{5}{19}=\frac{6}{19}$	$\frac{11}{20}-\frac{2}{20}=\frac{9}{20}$	$\frac{6}{7}-\frac{4}{7}=\frac{2}{7}$
$\frac{4}{13}+\frac{5}{13}=\frac{9}{13}$	$\frac{5}{18}+\frac{7}{18}=\frac{12}{18}$	$\frac{7}{17}+\frac{8}{17}=\frac{15}{17}$	$\frac{1}{6}+\frac{3}{6}=\frac{4}{6}$
$\frac{9}{10}-\frac{2}{10}=\frac{7}{10}$	$\frac{9}{11}-\frac{5}{11}=\frac{4}{11}$	$\frac{2}{3}-\frac{1}{3}=\frac{1}{3}$	$\frac{9}{13}-\frac{5}{13}=\frac{4}{13}$

Station (P)

Bruchteile von Größen

Rechnet jede Aufgabe im Kopf. Verbindet die Aufgabe mit der zugehörigen Lösung. Aus den Kennbuchstaben der richtigen Antworten ergibt sich ein Lösungswort.

Aufgabe	Lösung	
A $\frac{1}{7}$ von 350 m^2 =	50 m^2	NE
B $\frac{9}{14}$ von 182 t =	117 t	UN
C $\frac{2}{9}$ von 360 € =	80 €	AU
D $\frac{3}{5}$ von 125 cm =	75 cm	GE

Aufgabe	Lösung	
E $\frac{4}{9}$ von 81 km =	36 km	RE
F $\frac{5}{6}$ von 720 t =	600 t	VA
G $\frac{4}{19}$ von 266 m =	56 m	NC
H $\frac{3}{5}$ von 10 dm =	6 dm	HE

Lösungswort:

A	B	C	D
N E	U N	A U	G E

Lösungswort:

E	F	G	H
R E	V A	N C	H E

Station

Einteilung der Winkel

!

Ordnet den Winkeln ihre korrekten Bezeichnungen zu und verbindet die Aufgaben mit den zugehörigen Lösungen. Aus den Buchstaben, die auf den Verbindungslinien liegen, ergibt sich ein Lösungswort.

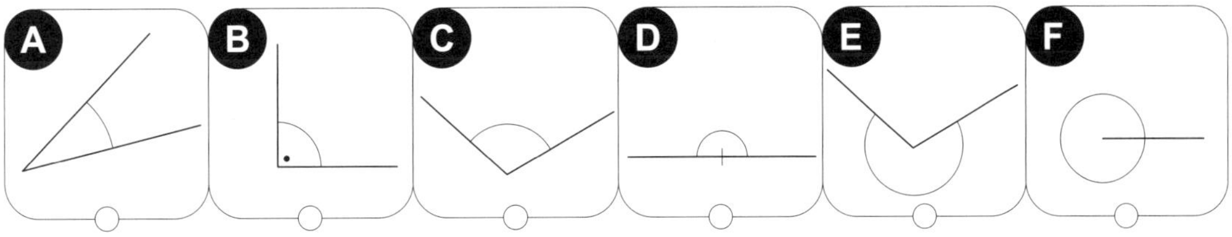

A Ü J S K I Z M S E L O T N F Ä B A E

rechter Winkel (90°)	gestreckter Winkel (180°)	spitzer Winkel (kleiner als 90°)	stumpfer Winkel (zwischen 90° und 180°)	voller Winkel (360°)	überstumpfer Winkel (zwischen 180°und 360°)

Lösungswort:

A	
B	
C	
D	
E	
F	

Station

Winkelbestimmung bei Kreiszerlegungen

!

Bestimmt jeweils die Größe der Winkel, die durch die gleichmäßige Zerlegung des Kreises entstanden sind. Aus den Buchstaben der richtigen Antworten ergibt sich ein Lösungswort.

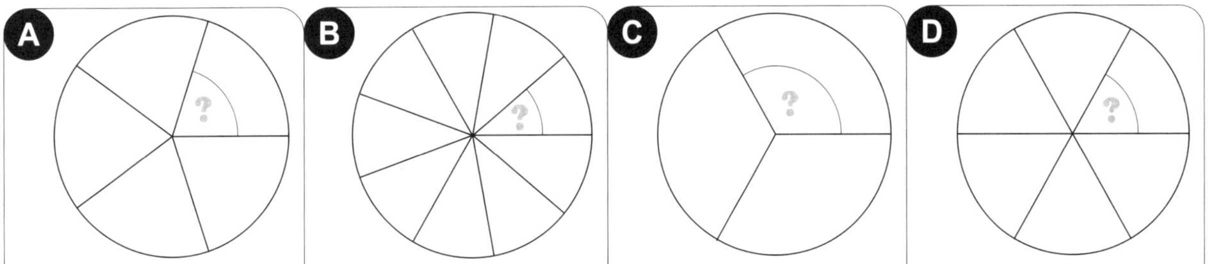

A: 72° (S) 75° (R) 80° (M)

B: 35° (E) 40° (C) 45° (O)

C: 90° (M) 100° (I) 120° (H)

D: 55° (B) 60° (E) 65° (K)

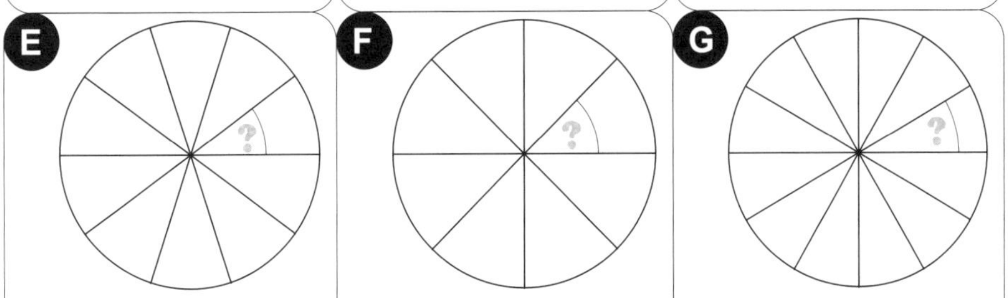

E: 36° (L) 32° (A) 35° (H)

F: 35° (S) 40° (C) 45° (L)

G: 30° (E) 35° (H) 40° (A)

Lösungswort:

A	B	C	D	E	F	G

Station

Einteilung der Winkel

Ordnet den Winkeln ihre korrekten Bezeichnungen zu und verbindet die Aufgaben mit den zugehörigen Lösungen. Aus den Buchstaben, die auf den Verbindungslinien liegen, ergibt sich ein Lösungswort.

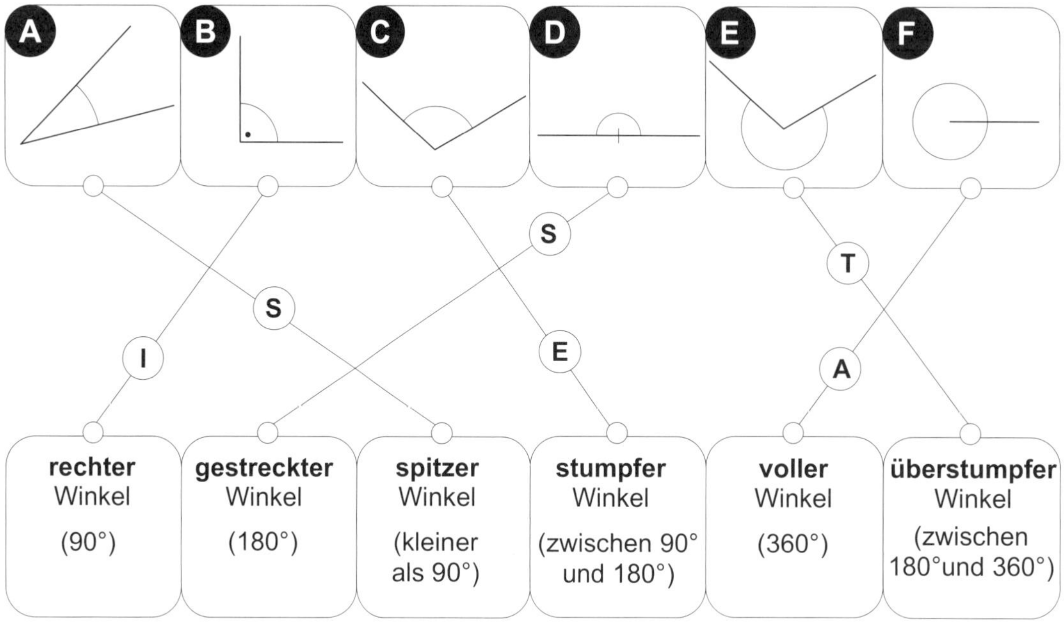

Lösungswort:

A	S
B	I
C	E
D	S
E	T
F	A

Station

Winkelbestimmung bei Kreiszerlegungen

Bestimmt jeweils die Größe der Winkel, die durch die gleichmäßige Zerlegung des Kreises entstanden sind. Aus den Buchstaben der richtigen Antworten ergibt sich ein Lösungswort.

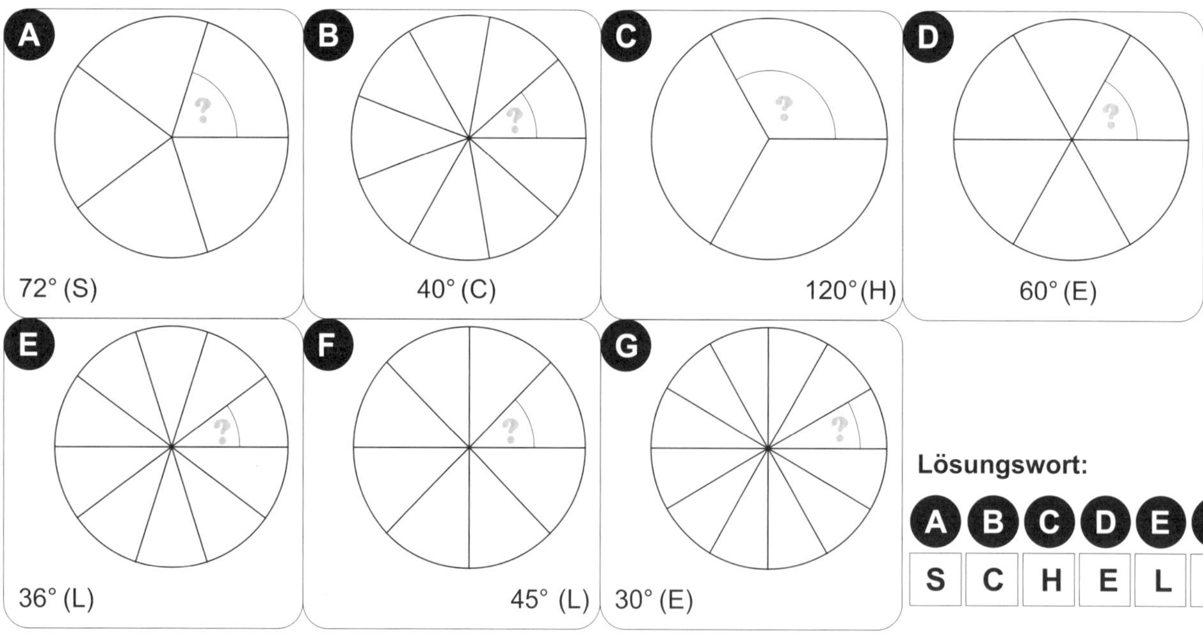

Lösungswort:

A	B	C	D	E	F	G
S	C	H	E	L	L	E

Station P

Winkel messen mit dem Geodreieck

!

Messt mit dem Geodreieck die Größe der einzelnen Winkel. Schätzt zunächst. Wenn nötig müsst ihr die Schenkel der Winkel verlängern.

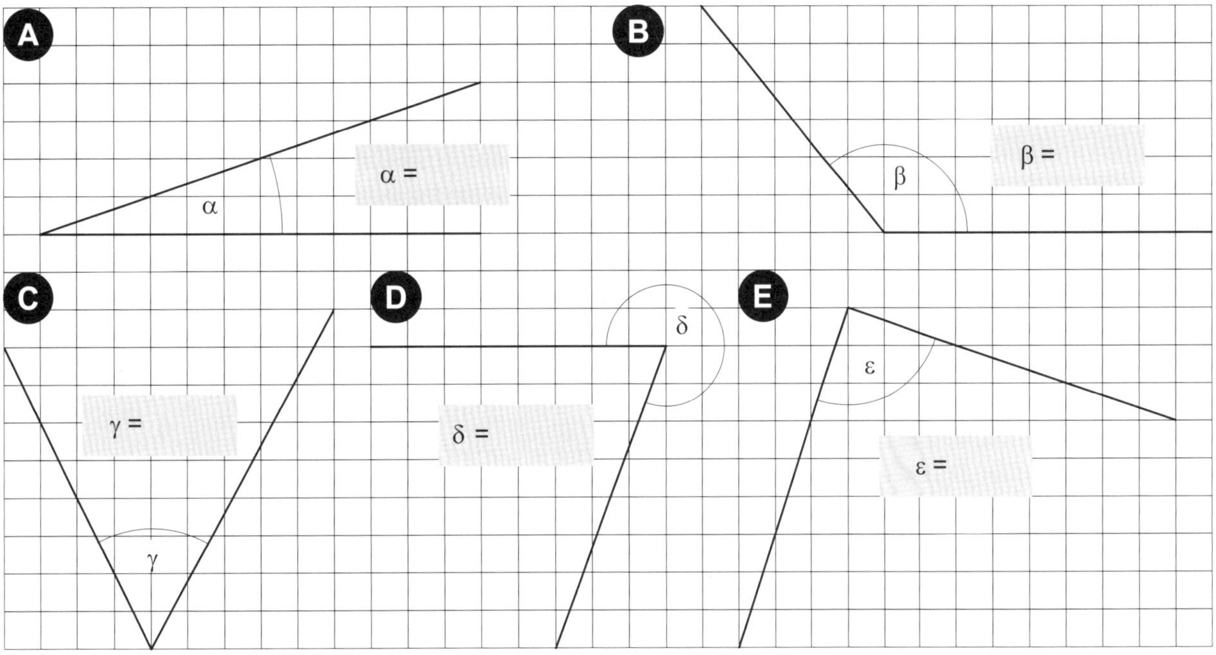

Station E

Winkel im Schnittpunkt von Geraden.

!

Wie groß sind jeweils die Winkel?

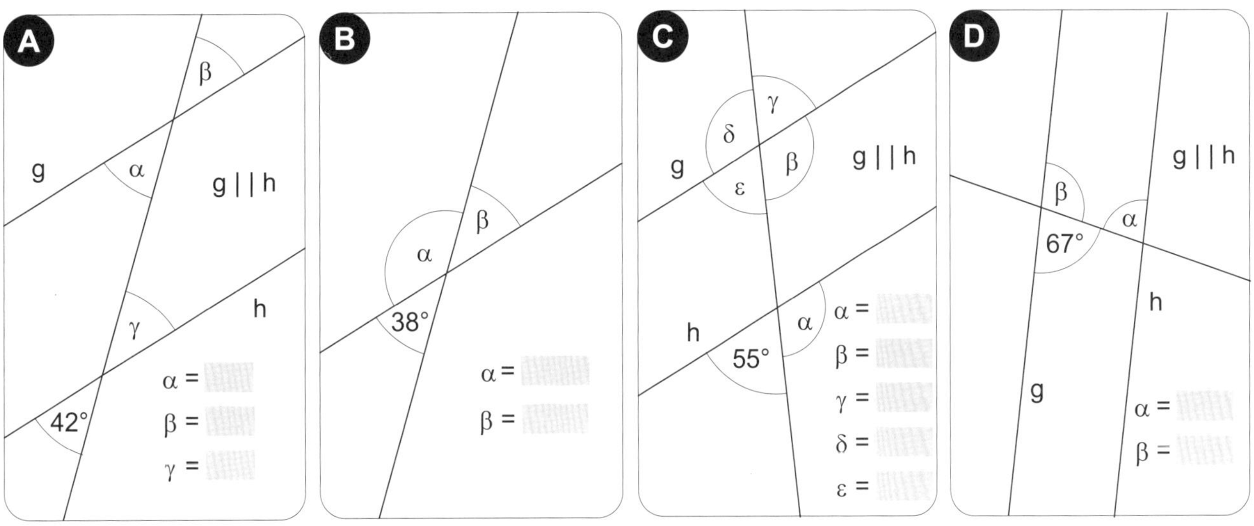

Station P

Winkel messen mit dem Geodreieck

Messt mit dem Geodreieck die Größe der einzelnen Winkel. Schätzt zunächst. Wenn nötig müsst ihr die Schenkel der Winkel verlängern.

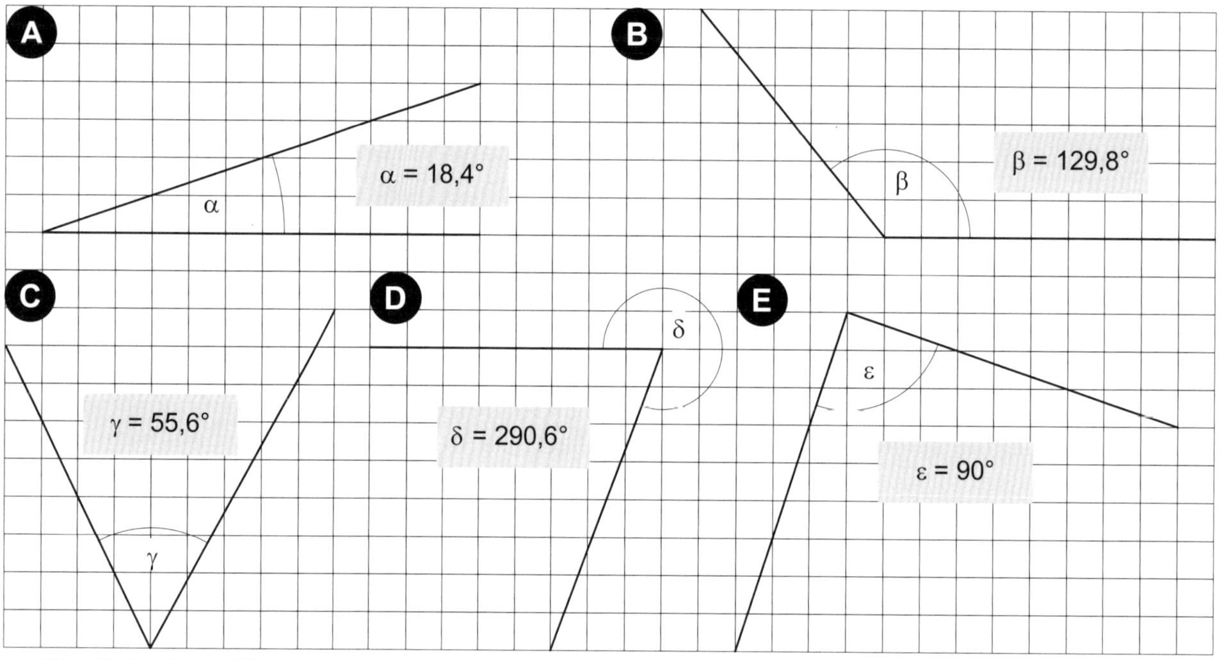

Station E

Winkel im Schnittpunkt von Geraden.

Wie groß sind jeweils die Winkel?

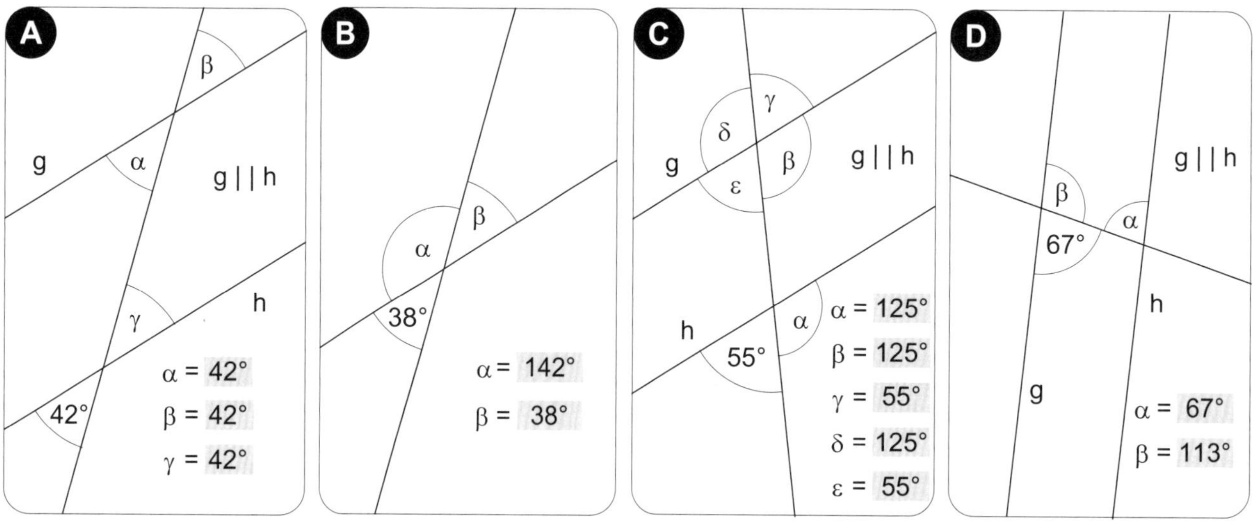

Station

P

Winkel messen mit dem Geodreieck

Schätzt die Größe der angegebenen Winkel und messt dann mit dem Geodreieck nach. Wenn die Schenkel der Winkel zu kurz zum Messen sind, dann verlängert sie so, dass ihr messen könnt. Abweichungen von ± 2° sind erlaubt.

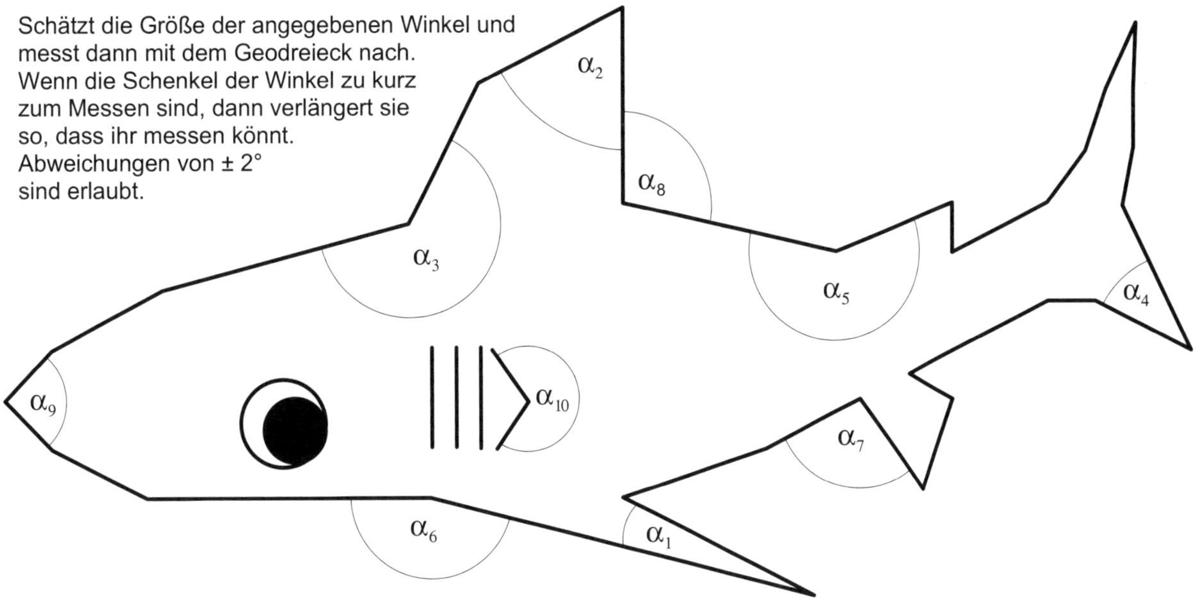

Winkel	α_1	α_2	α_3	α_4	α_5	α_6	α_7	α_8	α_9	α_{10}
gemessen										

Station

E

Winkelarten

Um welche Winkelarten handelt es sich?

α_1	
α_2	
α_3	
α_4	
α_5	
α_6	
α_7	
α_8	
α_9	
α_{10}	
α_{11}	
α_{12}	

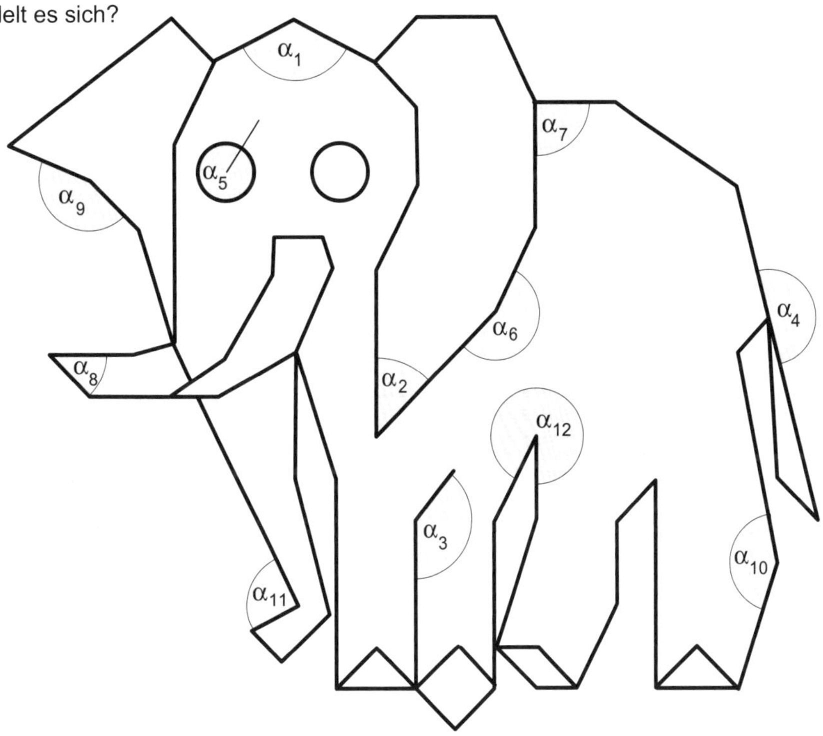

Station P

Winkel messen mit dem Geodreieck

Schätzt die Größe der angegebenen Winkel und messt dann mit dem Geodreieck nach. Wenn die Schenkel der Winkel zu kurz zum Messen sind, dann verlängert sie so, dass ihr messen könnt. Abweichungen von ± 2° sind erlaubt.

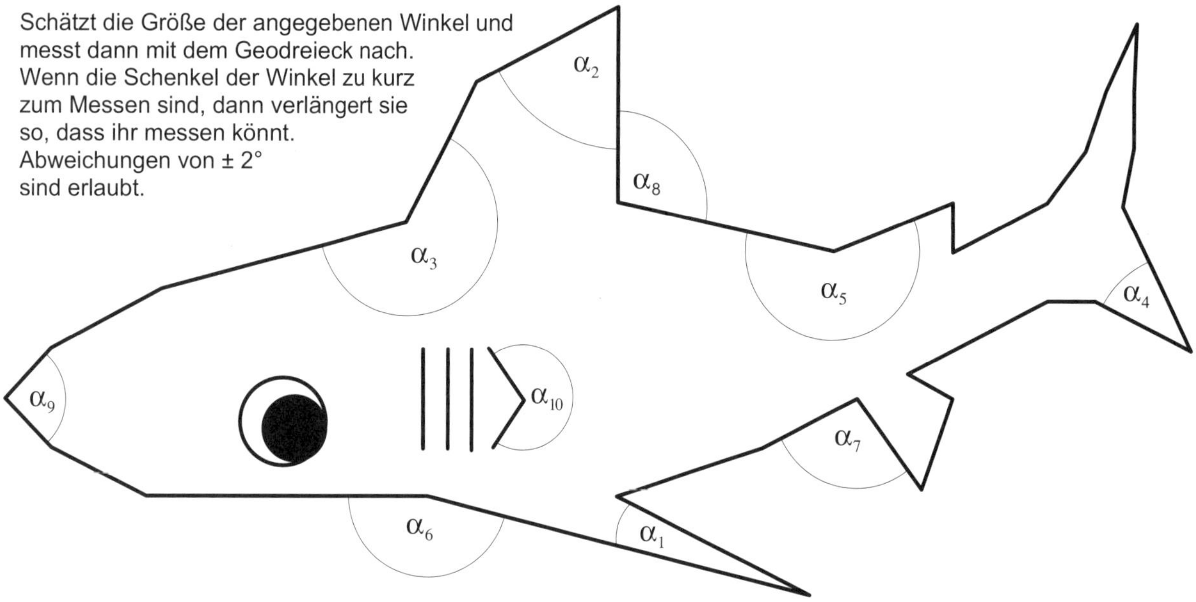

Winkel	α_1	α_2	α_3	α_4	α_5	α_6	α_7	α_8	α_9	α_{10}
gemessen	12°	63°	227°	36°	213°	167°	100°	103°	93°	250°

Station E

Winkelarten

Um welche Winkelarten handelt es sich?

α_1	stumpfer Winkel
α_2	spitzer Winkel
α_3	stumpfer Winkel
α_4	gestreckter Winkel
α_5	voller Winkel
α_6	überstumpfer Winkel
α_7	rechter Winkel
α_8	spitzer Winkel
α_9	stumpfer Winkel
α_{10}	stumpfer Winkel
α_{11}	rechter Winkel
α_{12}	überstumpfer Winkel

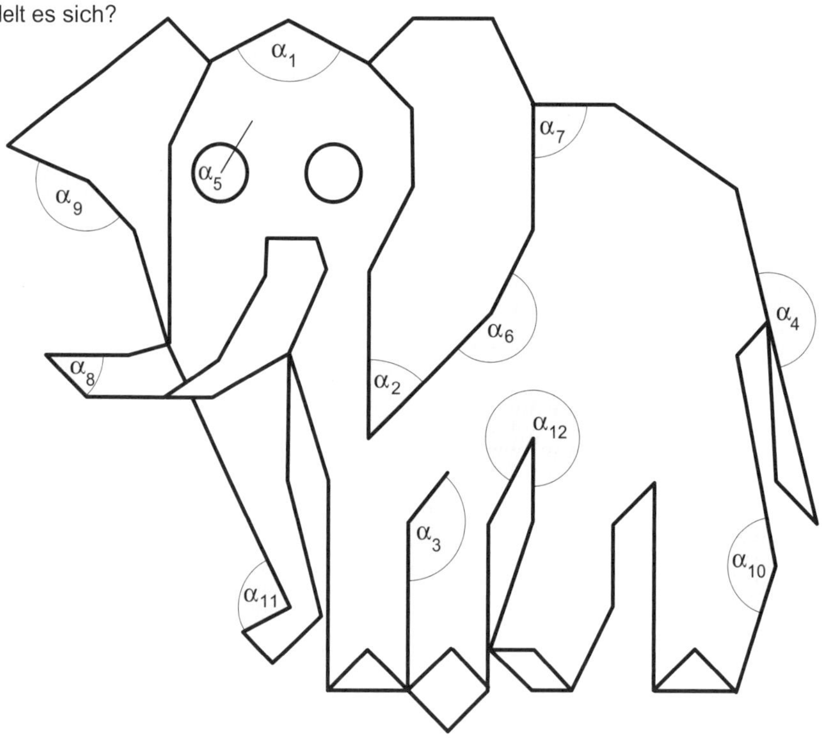

Station

kgV und ggT

A

Gebt das kleinste gemeinsame Vielfache an.

kgV(4; 8) =	kgV(14; 21) =
kgV(15; 25) =	kgV(3; 7) =
kgV(7; 12) =	kgV(4; 108) =
kgV(12; 50) =	kgV(20; 18) =
kgV(6; 8) =	kgV(21; 48) =
kgV(5; 15) =	kgV(10; 155) =
kgV(7; 11) =	kgV(8; 12) =
kgV(8; 12; 15) =	kgV(5; 20; 35) =

B

Gebt den größten gemeinsamen Teiler an.

ggT(6; 18) =	ggT(15; 25) =
ggT(11; 13) =	ggT(60; 75) =
ggT(24; 28) =	ggT(45; 75) =
ggT(45; 60) =	ggT(56; 84) =
ggT(14; 21) =	ggT(48; 64) =
ggT(30; 75) =	ggT(111; 210) =
ggT(21; 420) =	ggT(576; 400) =
ggT(57; 95) =	ggT(144; 75) =

Station

Brüche und Prozentschreibweise

A

Schreibt in Prozent.

$\frac{1}{2}$ =

$\frac{1}{4}$ =

$\frac{9}{10}$ =

$\frac{1}{8}$ =

$\frac{1}{20}$ =

$\frac{1}{5}$ =

$\frac{3}{4}$ =

$\frac{7}{25}$ =

B

Schreibt als Bruch. Kürzt, wenn möglich.

3 % =

12 % =

30 % =

65 % =

40 % =

15 % =

25 % =

50 % =

C

Färbt die angegebenen Bruchteile der Flächen.

75 %

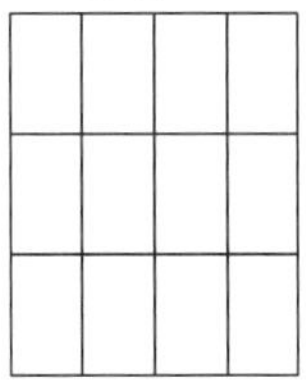

25 %

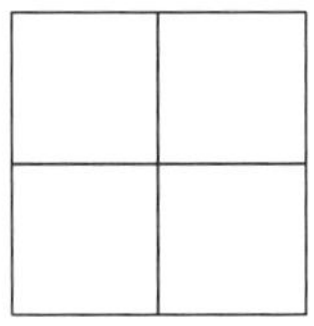

12,5 %

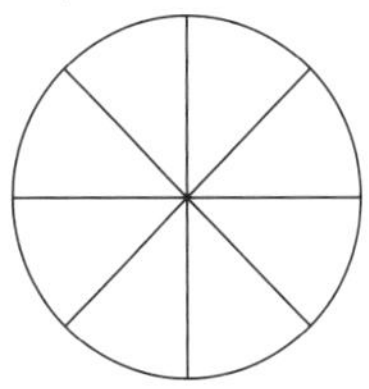

$33\frac{1}{3}$ %

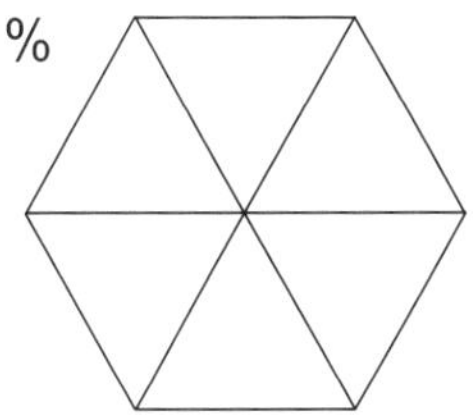

30 %

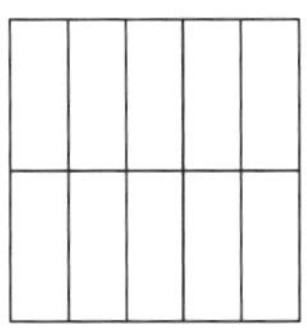

65 %

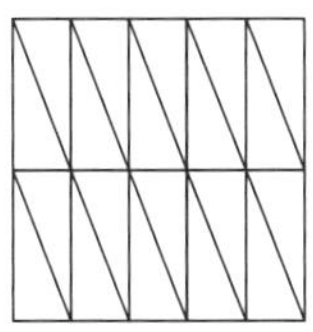

Station

kgV und ggT

A

Gebt das kleinste gemeinsame Vielfache an.

kgV(4; 8) = 8	kgV(14; 21) = 42
kgV(15; 25) = 75	kgV(3; 7) = 21
kgV(7; 12) = 84	kgV(4; 108) = 108
kgV(12; 50) = 300	kgV(20; 18) = 180
kgV(6; 8) = 24	kgV(21; 48) = 336
kgV(5; 15) = 15	kgV(10; 155) = 310
kgV(7; 11) = 77	kgV(8; 12) = 24
kgV(8; 12; 15) = 120	kgV(5; 20; 35) = 140

B

Gebt den größten gemeinsamen Teiler an.

ggT(6; 18) = 6	ggT(15; 25) = 5
ggT(11; 13) = 1	ggT(60; 75) = 15
ggT(24; 28) = 4	ggT(45; 75) = 15
ggT(45; 60) = 15	ggT(56; 84) = 28
ggT(14; 21) = 7	ggT(48; 64) = 16
ggT(30; 75) = 15	ggT(111; 210) = 3
ggT(21; 420) = 21	ggT(576; 400) = 16
ggT(57; 95) = 19	ggT(144; 75) = 3

Station

Brüche und Prozentschreibweise

A

Schreibt in Prozent.

$\frac{1}{2}$ = 50 %

$\frac{1}{4}$ = 25 %

$\frac{9}{10}$ = 90 %

$\frac{1}{8}$ = 12,5 %

$\frac{1}{20}$ = 5 %

$\frac{1}{5}$ = 20 %

$\frac{3}{4}$ = 75%

$\frac{7}{25}$ = 28 %

B

Schreibt als Bruch. Kürzt, wenn möglich.

3 % = $\frac{3}{100}$

12 % = $\frac{3}{25}$

30 % = $\frac{3}{10}$

65 % = $\frac{13}{20}$

40 % = $\frac{2}{5}$

15 % = $\frac{3}{20}$

25 % = $\frac{1}{4}$

50 % = $\frac{1}{2}$

C

Färbt die angegebenen Bruchteile der Flächen.

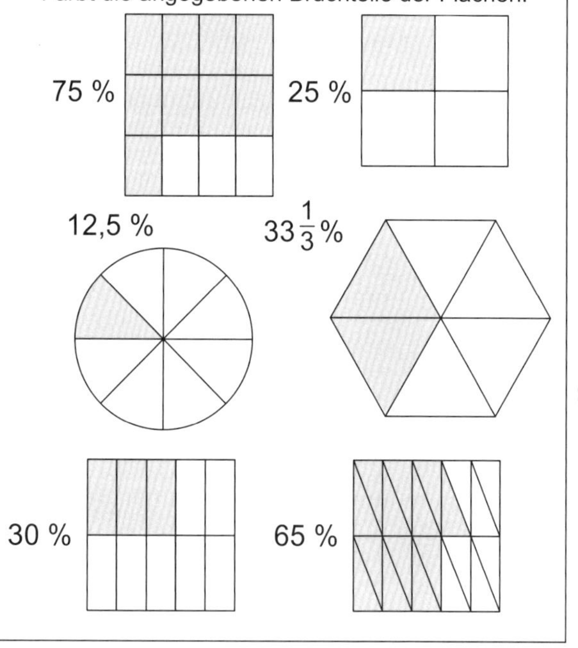

Station

Brüche am Zahlenstrahl

Bezeichnet die Markierungen mit den entsprechenden Brüchen.

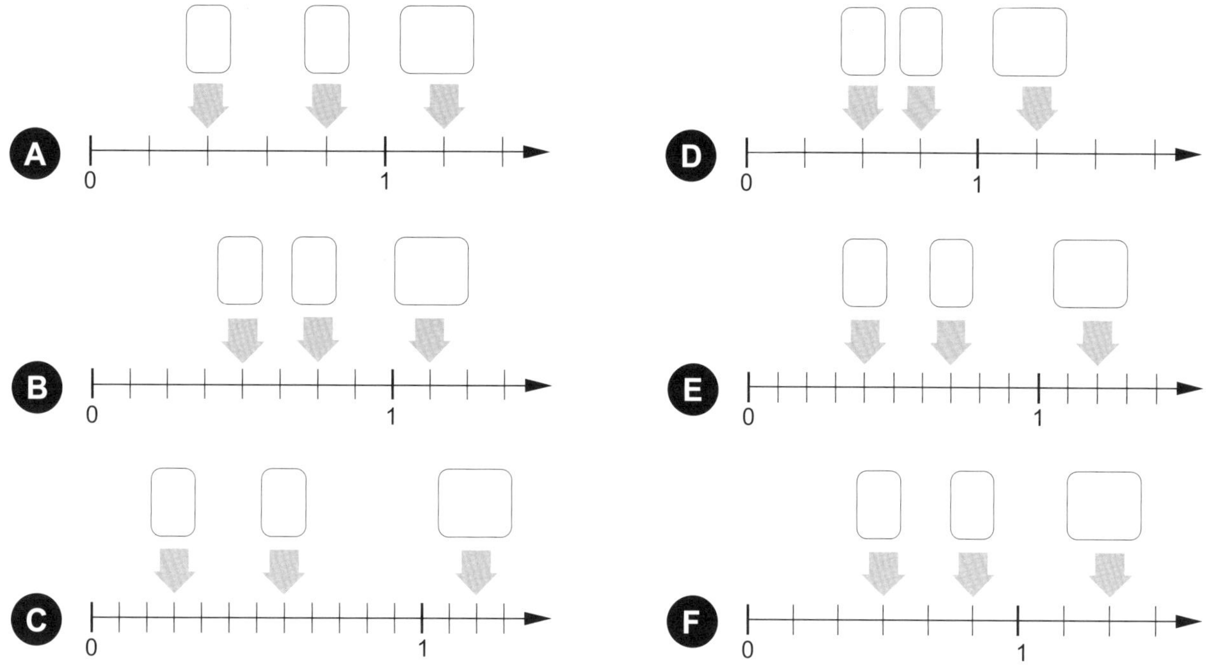

Station

Brüche in gemischter Schreibweise und unechte Brüche

A: Gebt in gemischter Schreibweise an.	B: Gebt als unechten Bruch an.	C: Wie viel fehlt am nächsten Ganzen?
$\frac{3}{2} =$	$3\frac{1}{4} =$	$2\frac{3}{5} =$
$\frac{9}{4} =$	$5\frac{7}{12} =$	$5\frac{1}{12} =$
$\frac{29}{10} =$	$6\frac{8}{15} =$	$\frac{5}{2} =$
$\frac{25}{8} =$	$7\frac{1}{2} =$	$\frac{13}{3} =$
$\frac{17}{5} =$	$8\frac{2}{5} =$	$3\frac{5}{9} =$
$\frac{45}{9} =$	$5\frac{2}{9} =$	$\frac{65}{12} =$
$\frac{41}{6} =$	$6\frac{5}{7} =$	$\frac{37}{5} =$
$\frac{56}{3} =$	$9\frac{3}{8} =$	$9\frac{7}{8} =$

Station

Brüche am Zahlenstrahl

Bezeichnet die Markierungen mit den entsprechenden Brüchen.

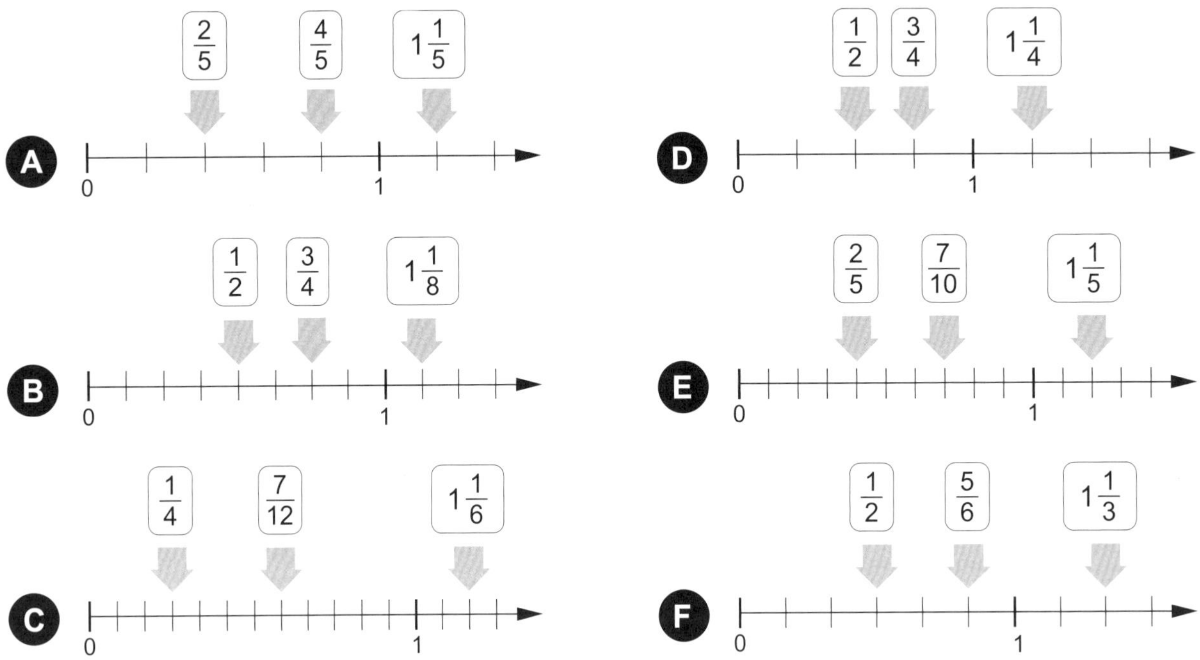

Station

Brüche in gemischter Schreibweise und unechte Brüche

A: Gebt in gemischter Schreibweise an.	B: Gebt als unechten Bruch an.	C: Wie viel fehlt am nächsten Ganzen?
$\frac{3}{2} = 1\frac{1}{2}$	$3\frac{1}{4} = \frac{13}{4}$	$2\frac{3}{5} = \frac{2}{5}$
$\frac{9}{4} = 2\frac{1}{4}$	$5\frac{7}{12} = \frac{67}{12}$	$5\frac{1}{12} = \frac{11}{12}$
$\frac{29}{10} = 2\frac{9}{10}$	$6\frac{8}{15} = \frac{98}{15}$	$\frac{5}{2} = \frac{1}{2}$
$\frac{25}{8} = 3\frac{1}{8}$	$7\frac{1}{2} = \frac{15}{2}$	$\frac{13}{3} = \frac{2}{3}$
$\frac{17}{5} = 3\frac{2}{5}$	$8\frac{2}{5} = \frac{42}{5}$	$3\frac{5}{9} = \frac{4}{9}$
$\frac{45}{9} = 5$	$5\frac{2}{9} = \frac{47}{9}$	$\frac{65}{12} = \frac{7}{12}$
$\frac{41}{6} = 6\frac{5}{6}$	$6\frac{5}{7} = \frac{47}{7}$	$\frac{37}{5} = \frac{3}{5}$
$\frac{56}{3} = 18\frac{2}{3}$	$9\frac{3}{8} = \frac{75}{8}$	$9\frac{7}{8} = \frac{1}{8}$

Station

Kürzen und Erweitern von Brüchen

A

Mit welcher Zahl wurde gekürzt?

$\frac{4}{6} = \frac{4 : \square}{6 : \square} = \frac{2}{3}$

$\frac{24}{36} = \frac{24 : \square}{36 : \square} = \frac{4}{6}$

$\frac{84}{96} = \frac{84 : \square}{96 : \square} = \frac{7}{8}$

$\frac{45}{20} = \frac{45 : \square}{20 : \square} = \frac{9}{4}$

$\frac{51}{85} = \frac{51 : \square}{85 : \square} = \frac{3}{5}$

$\frac{55}{99} = \frac{55 : \square}{99 : \square} = \frac{5}{9}$

$\frac{39}{91} = \frac{39 : \square}{91 : \square} = \frac{3}{7}$

$\frac{16}{32} = \frac{16 : \square}{32 : \square} = \frac{1}{2}$

B

Mit welcher Zahl wurde erweitert?

$\frac{3}{4} = \frac{3 \cdot \square}{4 \cdot \square} = \frac{18}{24}$

$\frac{5}{6} = \frac{5 \cdot \square}{6 \cdot \square} = \frac{125}{150}$

$\frac{3}{8} = \frac{3 \cdot \square}{8 \cdot \square} = \frac{57}{152}$

$\frac{4}{7} = \frac{4 \cdot \square}{7 \cdot \square} = \frac{36}{63}$

$\frac{11}{15} = \frac{11 \cdot \square}{15 \cdot \square} = \frac{132}{180}$

$\frac{7}{12} = \frac{7 \cdot \square}{12 \cdot \square} = \frac{98}{168}$

$\frac{12}{17} = \frac{12 \cdot \square}{17 \cdot \square} = \frac{180}{255}$

$\frac{8}{13} = \frac{8 \cdot \square}{13 \cdot \square} = \frac{200}{325}$

C

Schreibt als Bruch mit dem Nenner 48.

$\frac{1}{2} = \frac{\square}{48}$ $\frac{2}{3} = \frac{\square}{48}$

$\frac{3}{4} = \frac{\square}{48}$ $\frac{3}{8} = \frac{\square}{48}$

$\frac{7}{12} = \frac{\square}{48}$ $\frac{5}{3} = \frac{\square}{48}$

D

Schreibt als Bruch mit dem Nenner 100.

$\frac{3}{4} = \frac{\square}{100}$ $\frac{1}{5} = \frac{\square}{100}$

$\frac{7}{20} = \frac{\square}{100}$ $\frac{1}{4} = \frac{\square}{100}$

$\frac{9}{5} = \frac{\square}{100}$ $\frac{17}{50} = \frac{\square}{100}$

$\frac{3}{10} = \frac{\square}{100}$ $\frac{1}{25} = \frac{\square}{100}$

Station

Vergleichen von Brüchen

A

Setzt < , > oder = ein.

$\frac{7}{12} \square \frac{5}{12}$

$\frac{3}{4} \square \frac{13}{4}$

$\frac{8}{5} \square 1\frac{3}{5}$

$1\frac{11}{12} \square \frac{21}{12}$

$2\frac{13}{14} \square 2\frac{13}{15}$

$\frac{17}{11} \square 1\frac{6}{11}$

$\frac{1}{4} \square \frac{1}{3}$

$2\frac{1}{10} \square \frac{22}{10}$

B

Macht gleichnamig und vergleicht.

$\frac{3}{4}$ und $\frac{5}{7}$ $\frac{\square}{\square}$; $\frac{\square}{\square}$ $\frac{3}{4} \square \frac{5}{7}$

$\frac{5}{11}$ und $\frac{9}{22}$ $\frac{\square}{\square}$; $\frac{\square}{\square}$ $\frac{5}{11} \square \frac{9}{22}$

$\frac{5}{6}$ und $\frac{3}{8}$ $\frac{\square}{\square}$; $\frac{\square}{\square}$ $\frac{5}{6} \square \frac{3}{8}$

$\frac{10}{14}$ und $\frac{16}{21}$ $\frac{\square}{\square}$; $\frac{\square}{\square}$ $\frac{10}{14} \square \frac{16}{21}$

$\frac{4}{15}$ und $\frac{5}{25}$ $\frac{\square}{\square}$; $\frac{\square}{\square}$ $\frac{4}{15} \square \frac{5}{25}$

$\frac{7}{12}$ und $\frac{4}{9}$ $\frac{\square}{\square}$; $\frac{\square}{\square}$ $\frac{7}{12} \square \frac{4}{9}$

$\frac{7}{12}$ und $\frac{11}{15}$ $\frac{\square}{\square}$; $\frac{\square}{\square}$ $\frac{7}{12} \square \frac{11}{15}$

C

Kürzt zuerst und vergleicht dann die Brüche.

$\frac{10}{14}$ und $\frac{18}{21}$ $\frac{\square}{\square}$; $\frac{\square}{\square}$ $\frac{10}{14} \square \frac{18}{21}$

$\frac{13}{26}$ und $\frac{15}{30}$ $\frac{\square}{\square}$; $\frac{\square}{\square}$ $\frac{13}{26} \square \frac{15}{30}$

$\frac{21}{63}$ und $\frac{15}{60}$ $\frac{\square}{\square}$; $\frac{\square}{\square}$ $\frac{21}{63} \square \frac{15}{60}$

$\frac{4}{32}$ und $\frac{5}{25}$ $\frac{\square}{\square}$; $\frac{\square}{\square}$ $\frac{4}{32} \square \frac{5}{25}$

$\frac{10}{35}$ und $\frac{18}{27}$ $\frac{\square}{\square}$; $\frac{\square}{\square}$ $\frac{10}{35} \square \frac{18}{27}$

$\frac{42}{77}$ und $\frac{36}{78}$ $\frac{\square}{\square}$; $\frac{\square}{\square}$ $\frac{42}{77} \square \frac{36}{78}$

$\frac{36}{81}$ und $\frac{48}{84}$ $\frac{\square}{\square}$; $\frac{\square}{\square}$ $\frac{36}{81} \square \frac{48}{84}$

Station

Kürzen und Erweitern von Brüchen

A Mit welcher Zahl wurde gekürzt?

$\frac{4}{6} = \frac{4:2}{6:2} = \frac{2}{3}$

$\frac{24}{36} = \frac{24:6}{36:6} = \frac{4}{6}$

$\frac{84}{96} = \frac{84:12}{96:12} = \frac{7}{8}$

$\frac{45}{20} = \frac{45:5}{20:5} = \frac{9}{4}$

$\frac{51}{85} = \frac{51:17}{85:17} = \frac{3}{5}$

$\frac{55}{99} = \frac{55:11}{99:11} = \frac{5}{9}$

$\frac{39}{91} = \frac{39:13}{91:13} = \frac{3}{7}$

$\frac{16}{32} = \frac{16:16}{32:16} = \frac{1}{2}$

B Mit welcher Zahl wurde erweitert?

$\frac{3}{4} = \frac{3 \cdot 6}{4 \cdot 6} = \frac{18}{24}$

$\frac{5}{6} = \frac{5 \cdot 25}{6 \cdot 25} = \frac{125}{150}$

$\frac{3}{8} = \frac{3 \cdot 19}{8 \cdot 19} = \frac{57}{152}$

$\frac{4}{7} = \frac{4 \cdot 9}{7 \cdot 9} = \frac{36}{63}$

$\frac{11}{15} = \frac{11 \cdot 12}{15 \cdot 12} = \frac{132}{180}$

$\frac{7}{12} = \frac{7 \cdot 14}{12 \cdot 14} = \frac{98}{168}$

$\frac{12}{17} = \frac{12 \cdot 15}{17 \cdot 15} = \frac{180}{255}$

$\frac{8}{13} = \frac{8 \cdot 25}{13 \cdot 25} = \frac{200}{325}$

C Schreibt als Bruch mit dem Nenner 48.

$\frac{1}{2} = \frac{24}{48}$ $\frac{2}{3} = \frac{32}{48}$

$\frac{3}{4} = \frac{36}{48}$ $\frac{3}{8} = \frac{18}{48}$

$\frac{7}{12} = \frac{28}{48}$ $\frac{5}{3} = \frac{80}{48}$

D Schreibt als Bruch mit dem Nenner 100.

$\frac{3}{4} = \frac{75}{100}$ $\frac{1}{5} = \frac{20}{100}$

$\frac{7}{20} = \frac{35}{100}$ $\frac{1}{4} = \frac{25}{100}$

$\frac{9}{5} = \frac{180}{100}$ $\frac{17}{50} = \frac{34}{100}$

$\frac{3}{10} = \frac{30}{100}$ $\frac{1}{25} = \frac{4}{100}$

Station

Vergleichen von Brüchen

A Setzt <, > oder = ein.

$\frac{7}{12} > \frac{5}{12}$

$\frac{3}{4} < \frac{13}{4}$

$\frac{8}{5} = 1\frac{3}{5}$

$1\frac{11}{12} > \frac{21}{12}$

$2\frac{13}{14} > 2\frac{13}{15}$

$\frac{17}{11} = 1\frac{6}{11}$

$\frac{1}{4} < \frac{1}{3}$

$2\frac{1}{10} < \frac{22}{10}$

B Macht gleichnamig und vergleicht.

$\frac{3}{4}$ und $\frac{5}{7}$ $\frac{21}{28}; \frac{20}{28}$ $\frac{3}{4} > \frac{5}{7}$

$\frac{5}{11}$ und $\frac{9}{22}$ $\frac{10}{22}; \frac{9}{22}$ $\frac{5}{11} > \frac{9}{22}$

$\frac{5}{6}$ und $\frac{3}{8}$ $\frac{20}{24}; \frac{9}{24}$ $\frac{5}{6} > \frac{3}{8}$

$\frac{10}{14}$ und $\frac{16}{21}$ $\frac{30}{42}; \frac{32}{42}$ $\frac{10}{14} < \frac{16}{21}$

$\frac{4}{15}$ und $\frac{5}{25}$ $\frac{20}{75}; \frac{15}{75}$ $\frac{4}{15} > \frac{5}{25}$

$\frac{7}{12}$ und $\frac{4}{9}$ $\frac{21}{36}; \frac{16}{36}$ $\frac{7}{12} > \frac{4}{9}$

$\frac{7}{12}$ und $\frac{11}{15}$ $\frac{35}{60}; \frac{44}{60}$ $\frac{7}{12} < \frac{11}{15}$

C Kürzt zuerst und vergleicht dann die Brüche.

$\frac{10}{14}$ und $\frac{18}{21}$ $\frac{5}{7}; \frac{6}{7}$ $\frac{10}{14} < \frac{18}{21}$

$\frac{13}{26}$ und $\frac{15}{30}$ $\frac{1}{2}; \frac{1}{2}$ $\frac{13}{26} = \frac{15}{30}$

$\frac{21}{63}$ und $\frac{15}{60}$ $\frac{1}{3}; \frac{1}{4}$ $\frac{21}{63} > \frac{15}{60}$

$\frac{4}{32}$ und $\frac{5}{25}$ $\frac{1}{8}; \frac{1}{5}$ $\frac{4}{32} < \frac{5}{25}$

$\frac{10}{35}$ und $\frac{18}{27}$ $\frac{2}{7}; \frac{2}{3}$ $\frac{10}{35} < \frac{18}{27}$

$\frac{42}{77}$ und $\frac{36}{78}$ $\frac{6}{11}; \frac{6}{13}$ $\frac{42}{77} > \frac{36}{78}$

$\frac{36}{81}$ und $\frac{48}{84}$ $\frac{4}{9}; \frac{4}{7}$ $\frac{36}{81} < \frac{48}{84}$

Station

Bruchschreibweise und Dezimalbruchschreibweise

Verwandelt mithilfe der Stellenwerttafel die Größen in die Dezimalbruchschreibweise.

A

Bruchschreibweise	kg			g			Dezimalbruchschreibweise
	H	Z	E	H	Z	E	kg
$\frac{2}{5}$ kg							
$\frac{3}{4}$ kg							
$1\frac{1}{8}$ kg							
$2\frac{1}{2}$ kg							

B

Bruchschreibweise	km			m			Dezimalbruchschreibweise
	H	Z	E	H	Z	E	km
$\frac{3}{10}$ km							
$\frac{7}{40}$ km							
$3\frac{7}{8}$ km							
$6\frac{3}{20}$ km							

Kohls Stationenlernen Mathematik / 6. Schuljahr – Bestell-Nr. 11 592

Station

Bruchschreibweise und Dezimalbruchschreibweise

A Gebt als Dezimalbruch an.			**B** Gebt als Dezimalbruch an.		**C** Gebt als Dezimalbruch an.	
$2\frac{1}{4}$ m²		m²	$3\frac{3}{4}$		17 Zehntel	
$\frac{2}{5}$ dm²		dm²	$\frac{13}{10}$		98 Hundertstel	
$6\frac{3}{5}$ cm²		cm²	$\frac{96}{1000}$		307 Zehntel	
$\frac{4}{20}$ m²		m²	$37\frac{9}{10}$		5 Tausendstel	
$2\frac{20}{25}$ cm²		m²	$3\frac{1}{2}$		3115 Zehntel	
$2\frac{3}{8}$ a		a	$5\frac{3}{8}$		5001 Tausendstel	
$1\frac{7}{50}$ km²		km²	$\frac{3}{100}$		375 Zehntausendstel	
$12\frac{9}{20}$ ha		ha	$7\frac{1}{20}$		8 Zehntausendstel	

Station

Bruchschreibweise und Dezimalbruchschreibweise

Verwandelt mithilfe der Stellenwerttafel die Größen in die Dezimalbruchschreibweise.

A

Bruchschreibweise	kg			g			Dezimalbruchschreibweise
	H	Z	E	H	Z	E	kg
$\frac{2}{5}$ kg				4	0	0	0,400 kg
$\frac{3}{4}$ kg				7	5	0	0,750 kg
$1\frac{1}{8}$ kg			1	1	2	5	1,125 kg
$2\frac{1}{2}$ kg			2	5	0	0	2,500 kg

B

Bruchschreibweise	km			m			Dezimalbruchschreibweise
	H	Z	E	H	Z	E	km
$\frac{3}{10}$ km				3	0	0	0,300 km
$\frac{7}{40}$ km				1	7	5	0,175 km
$3\frac{7}{8}$ km			3	8	7	5	3,875 km
$6\frac{3}{20}$ km			6	1	5	0	6,150 km

Station

Bruchschreibweise und Dezimalbruchschreibweise

A

Gebt als Dezimalbruch an.

$2\frac{1}{4}$ m^2	2,25	m^2
$\frac{2}{5}$ dm^2	0,4	dm^2
$6\frac{3}{5}$ cm^2	6,6	cm^2
$\frac{4}{20}$ m^2	0,2	m^2
$2\frac{20}{25}$ cm^2	2,8	m^2
$2\frac{3}{8}$ a	2,375	a
$1\frac{7}{50}$ km^2	1,14	km^2
$12\frac{9}{20}$ ha	12,45	ha

B

Gebt als Dezimalbruch an.

$3\frac{3}{4}$	3,75
$\frac{13}{10}$	1,3
$\frac{96}{1000}$	0,096
$37\frac{9}{10}$	37,9
$3\frac{1}{2}$	3,5
$5\frac{3}{8}$	5,375
$\frac{3}{100}$	0,03
$7\frac{1}{20}$	7,05

C

Gebt als Dezimalbruch an.

17 Zehntel	1,7
98 Hundertstel	0,98
307 Zehntel	30,7
5 Tausendstel	0,005
3115 Zehntel	311,5
5001 Tausendstel	5,001
375 Zehntausendstel	0,0375
8 Zehntausendstel	0,0008

P

Station

Zahlenmauer

Addiert zwei nebeneinanderstehende Brüche bzw. Dezimalbrüche und tragt das Ergebnis in die darüberliegende Wabe ein. Kürzt bei den Brüchen, wenn es sich anbietet. Welche Zahl steht jeweils an der Spitze der Pyramide?

A

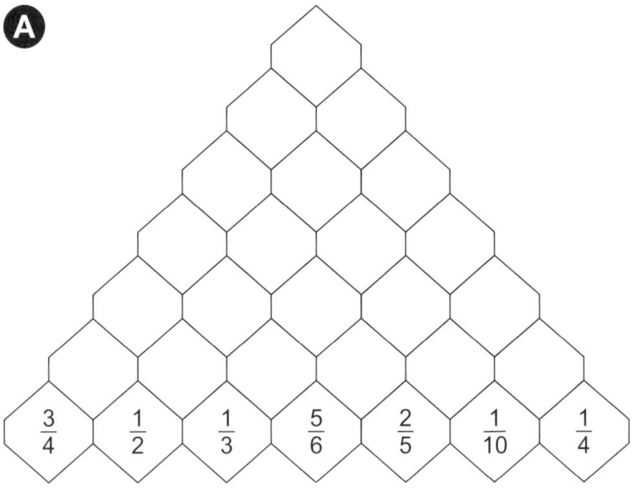

B

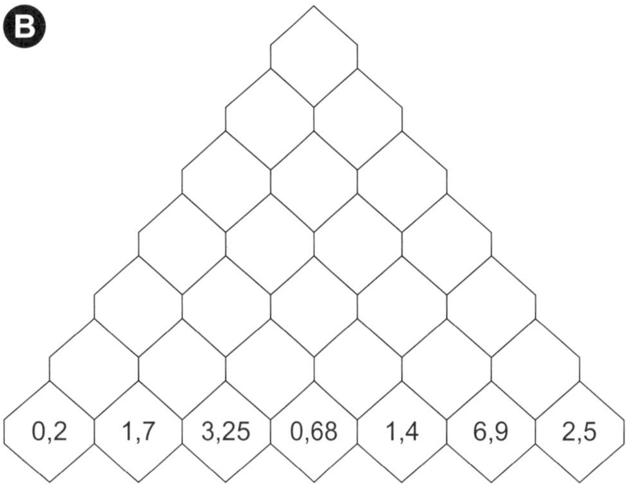

E

Station

Dezimalbrüche am Zahlenstrahl

Welche Zahlen sind jeweils markiert? Gib als Dezimalbruch an.

A

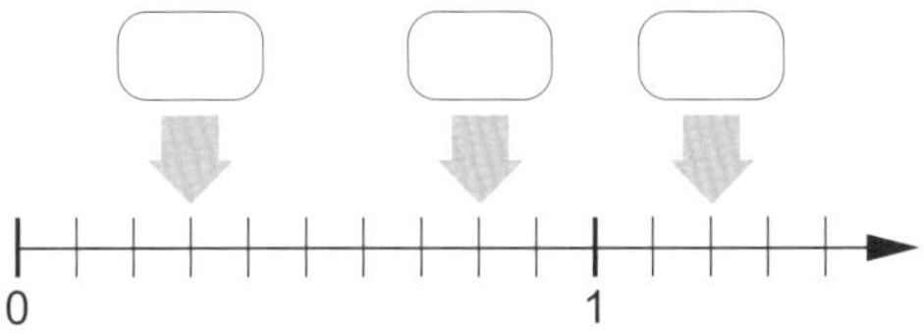

D

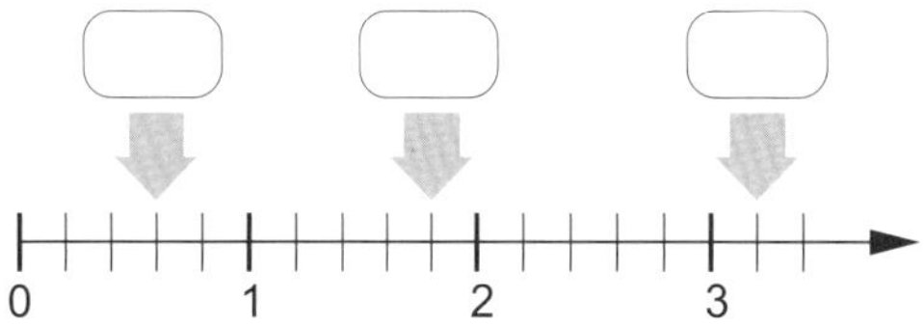

B

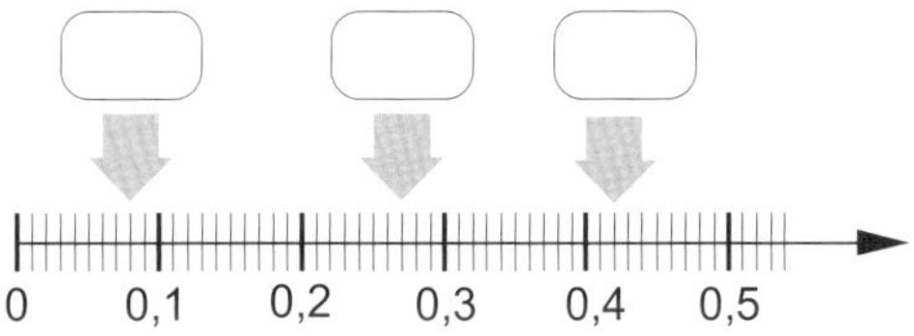

E

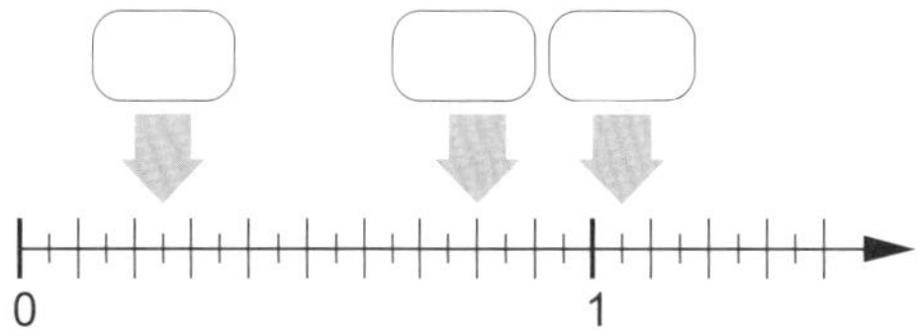

C

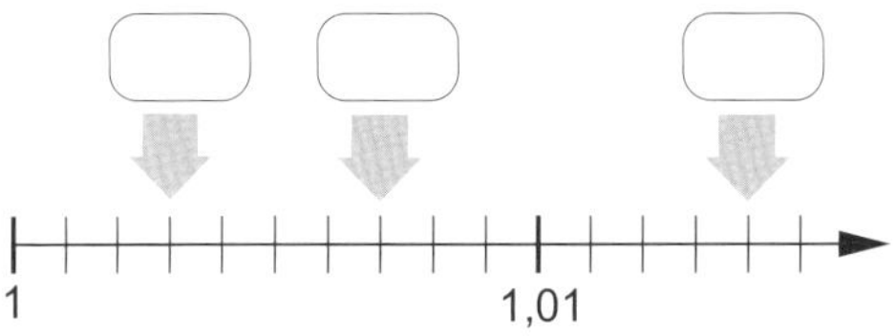

F

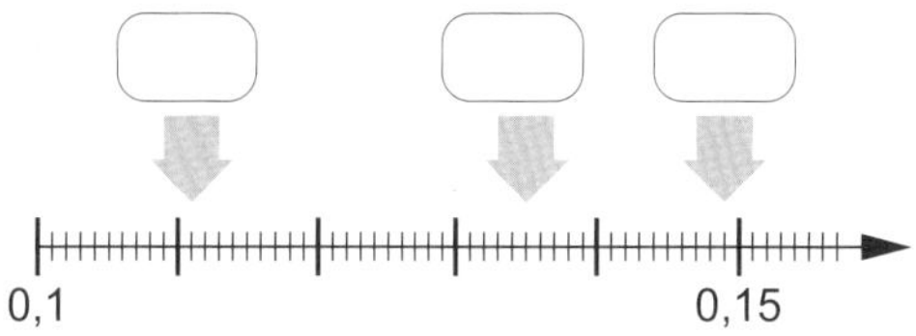

P

Station

Zahlenmauer

Addiert zwei nebeneinanderstehende Brüche bzw. Dezimalbrüche und tragt das Ergebnis in die darüberliegende Wabe ein. Kürzt bei den Brüchen, wenn es sich anbietet. Welche Zahl steht jeweils an der Spitze der Pyramide?

A

$32\frac{4}{15}$

$17\frac{1}{60}$ | $15\frac{1}{4}$

$8\frac{29}{60}$ | $8\frac{8}{15}$ | $6\frac{43}{60}$

$4\frac{1}{12}$ | $4\frac{2}{5}$ | $4\frac{2}{15}$ | $2\frac{7}{12}$

$2\frac{1}{12}$ | 2 | $2\frac{2}{5}$ | $1\frac{11}{15}$ | $\frac{17}{20}$

$1\frac{1}{4}$ | $\frac{5}{6}$ | $1\frac{1}{6}$ | $1\frac{7}{30}$ | $\frac{1}{2}$ | $\frac{7}{20}$

$\frac{3}{4}$ | $\frac{1}{2}$ | $\frac{1}{3}$ | $\frac{5}{6}$ | $\frac{2}{5}$ | $\frac{1}{10}$ | $\frac{1}{4}$

B

137,65

61,9 | 75,75

30,62 | 31,28 | 44,47

15,73 | 14,89 | 16,39 | 28,08

6,85 | 8,88 | 6,01 | 10,38 | 17,7

1,9 | 4,95 | 3,93 | 2,08 | 8,3 | 9,4

0,2 | 1,7 | 3,25 | 0,68 | 1,4 | 6,9 | 2,5

E

Station

Dezimalbrüche am Zahlenstrahl

Welche Zahlen sind jeweils markiert? Gib als Dezimalbruch an.

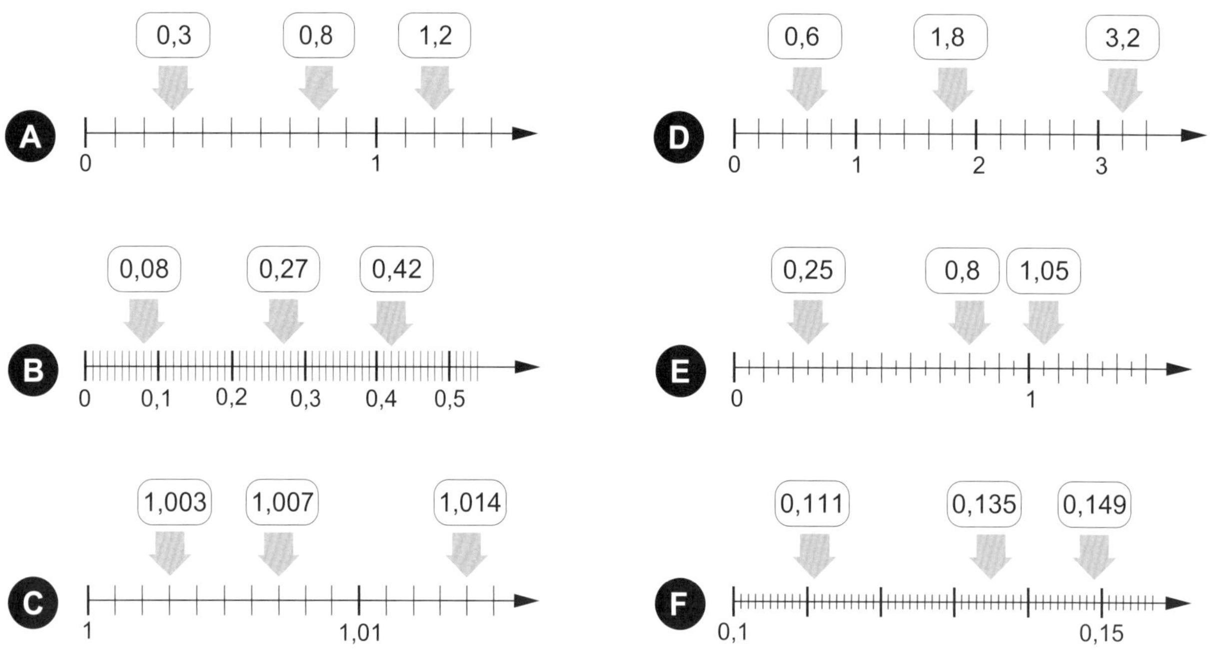

Kohls Stationenlernen Mathematik / 6. Schuljahr - Bestell-Nr. 11 592

Station E

Rechnen mit Dezimalbrüchen

Berechne die Aufgaben und beachte dabei die Rechenregel „Punkt- vor Strichrechnung". Aus den Buchstaben, die auf den Verbindungslinien der Aufgaben und der dazugehörenden Ergebnissen liegen, ergibt sich das Lösungswort.

Aufgabe		Ergebnisse
A	2,4 • 3 + 0,2 • 15 =	1,1
B	3,5 : 7 + 1,8 : 3 =	1,2
C	1,7 • 8 – 5,25 : 5 =	3,76
D	4,9 : 7 + 7,5 : 15 =	12,55
E	3,4 : 17 + 0,6 • 4 =	10,2
F	3,6 + 1,44 : 9 =	2,6

Buchstaben: O, E, R, N, H, B, U, P, R, K, W, M, P, T, S

Lösungswort:

A	B	C	D	E	F

Aufgabe		Ergebnisse
G	9,8 + 3,5 : 7 =	3,94
H	5,4 + 0,99 : 9 =	5,51
I	8 • 0,7 – 3,6 : 9 =	10,3
J	0,9 • 5 – 1,68 : 3 =	2,01
K	3,21 – 7,2 : 6 =	5,09
L	5,6 – 3,57 : 7 =	5,2

Buchstaben: O, B, G, I, T, W, E, K, P, E, R, E, H, N, P, R, M

Lösungswort:

G	H	I	J	K	L

Station E

Größer, kleiner, gleich?

Ermittle das passende Zeichen (<, > oder =). Aus den Kennbuchstaben der richtigen Lösungen ergibt sich ein Lösungswort.

	Zahl	>	<	=	Zahl
A	0,3	M	H	A	0,03
B	1,1	A	N	U	1,10
C	1,36	T	S	L	1,63
D	0,25	I	C	K	0,205
E	$\frac{3}{4}$	Z	H	K	0,75
F	7,55	A	I	E	7,455
G	$\frac{3}{8}$	P	U	N	0,4
H	2,02	A	T	E	2,20
I	$\frac{3}{5}$	T	N	O	0,60
J	$\frac{7}{10}$	M	B	I	0,69
K	6,54	A	Ü	O	6,501
L	$\frac{73}{1000}$	N	U	T	0,073

Lösungswort:

A	B	C	D	E	F	G	H	I	J	K	L

E Station

Rechnen mit Dezimalbrüchen

Berechne die Aufgaben und beachte dabei die Rechenregel „Punkt- vor Strichrechnung". Aus den Buchstaben, die auf den Verbindungslinien der Aufgaben und der dazugehörenden Ergebnissen liegen, ergibt sich das Lösungswort.

- **A** 2,4 • 3 + 0,2 • 15 =
- **B** 3,5 : 7 + 1,8 : 3 =
- **C** 1,7 • 8 – 5,25 : 5 =
- **D** 4,9 : 7 + 7,5 : 15 =
- **E** 3,4 : 17 + 0,6 • 4 =
- **F** 3,6 + 1,44 : 9 =

Ergebnisse: 1,1 | 1,2 | 3,76 | 12,55 | 10,2 | 2,6

Buchstaben auf den Linien: E, H, B, R, T, S

- **G** 9,8 + 3,5 : 7 =
- **H** 5,4 + 0,99 : 9 =
- **I** 8 • 0,7 – 3,6 : 9 =
- **J** 0,9 • 5 – 1,68 : 3 =
- **K** 3,21 – 7,2 : 6 =
- **L** 5,6 – 3,57 : 7 =

Ergebnisse: 3,94 | 5,51 | 10,3 | 2,01 | 5,09 | 5,2

Buchstaben auf den Linien: I, T, W, E, N, R

Lösungswort:

A	B	C	D	E	F
H	E	R	B	S	T

Lösungswort:

G	H	I	J	K	L
W	I	N	T	E	R

E Station

Größer, kleiner, gleich?

Ermittle das passende Zeichen (<, > oder =). Aus den Kennbuchstaben der richtigen Lösungen ergibt sich ein Lösungswort.

- **A** 0,3 (M >) 0,03
- **B** 1,1 (U =) 1,10
- **C** 1,36 (S <) 1,63
- **D** 0,25 (I >) 0,205
- **E** $\frac{3}{4}$ (K =) 0,75
- **F** 7,55 (A >) 7,455
- **G** $\frac{3}{8}$ (U <) 0,4
- **H** 2,02 (T <) 2,20
- **I** $\frac{3}{5}$ (O =) 0,60
- **J** $\frac{7}{10}$ (M >) 0,69
- **K** 6,54 (A >) 6,501
- **L** $\frac{73}{1000}$ (T =) 0,073

Lösungswort:

A	B	C	D	E	F	G	H	I	J	K	L
M	U	S	I	K	A	U	T	O	M	A	T

Station E

Runden von Dezimalbrüchen

Kreuze die richtig gerundete Zahl an. Die Stelle, auf die gerundet werden soll, ist durch einen Punkt markiert.
Aus den Kennbuchstaben der richtigen Lösungen ergibt sich ein Lösungswort.

A	$10{,}1\underset{\bullet}{4}7$	10,15 (S) · 10,14 (F) · 10,2 (K)
B	$3{,}75\underset{\bullet}{8}6$	3,76 (A) · 3,758 (R) · 3,759 (P)
C	$14{,}53\underset{\bullet}{4}8$	14,54 (O) · 14,535 (I) · 14,53 (T)
D	$10{,}08\underset{\bullet}{7}7$	10,09 (N) · 10,087 (Z) · 10,088 (R)
E	$8{,}\underset{\bullet}{0}808$	8,1 (A) · 8,0 (E) · 8,08 (T)
F	$1{,}754\underset{\bullet}{3}2$	1,7544 (A) · 1,7543 (L) · 1,7542 (N)
G	$3{,}7\underset{\bullet}{5}624$	3,756 (J) · 3,75 (N) · 3,76 (B)
H	$1\underset{\bullet}{3}{,}4999$	13,0 (O) · 13,5 (A) · 14 (T)
I	$17{,}31\underset{\bullet}{9}5$	17,3 (R) · 17,320 (H) · 17,319 (M)
J	$0{,}0\underset{\bullet}{9}501$	0,095 (M) · 0,09 (I) · 0,10 (R)
K	$3{,}4\underset{\bullet}{3}76$	3,43 (S) · 3,44 (E) · 3,438 (R)
L	$9{,}9\underset{\bullet}{9}75$	10,00 (R) · 9,99 (E) · 9,998 (B)

	A	B	C	D	E	F	G	H	I	J	K	L
Lösungswort:												

Station P

Addition und Subtraktion ungleichnamiger Brüche

Rechnet die Aufgaben aus und schreibt die Lösungen in die freien Felder.
Malt im Rechenmandala alle Felder mit den Lösungszahlen mit einer Farbe aus.

A $2\frac{3}{4} + 1\frac{1}{8} =$ ☐

B $4\frac{1}{2} + 2\frac{3}{4} =$ ☐

C $6\frac{3}{5} + 1\frac{7}{10} =$ ☐

D $5\frac{1}{3} + 1\frac{3}{4} =$ ☐

E $3\frac{5}{7} + 2\frac{5}{14} =$ ☐

F $5\frac{5}{12} + 1\frac{7}{8} =$ ☐

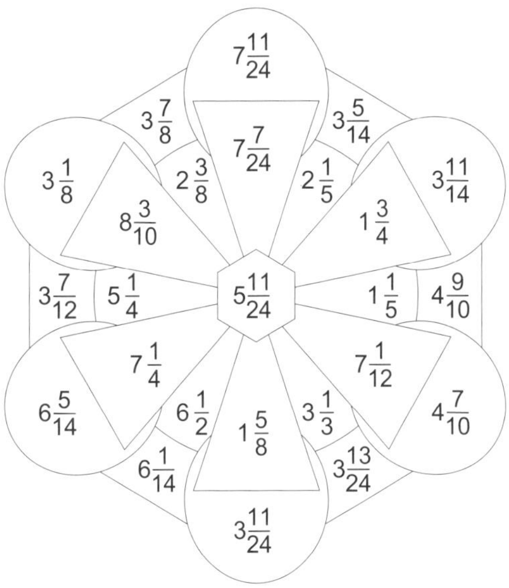

G $2\frac{3}{4} - 1\frac{1}{8} =$ ☐

H $4\frac{1}{2} - 2\frac{3}{4} =$ ☐

I $6\frac{3}{5} - 1\frac{7}{10} =$ ☐

J $5\frac{1}{3} - 1\frac{3}{4} =$ ☐

K $5\frac{5}{7} - 2\frac{5}{14} =$ ☐

L $5\frac{5}{12} - 1\frac{7}{8} =$ ☐

Station E

Station

Runden von Dezimalbrüchen

Kreuze die richtig gerundete Zahl an. Die Stelle, auf die gerundet werden soll, ist durch einen Punkt markiert.
Aus den Kennbuchstaben der richtigen Lösungen ergibt sich ein Lösungswort.

	Zahl	Gerundet	Buchstabe
A	10,147	10,15	S
B	3,7586	3,759	P
C	14,5348	14,535	I
D	10,0877	10,088	R
E	8,0808	8,1	A
F	1,75432	1,7543	L
G	3,75624	3,76	B
H	13,4999	13,0	O
I	17,3195	17,320	H
J	0,09501	0,10	R
K	3,4376	3,44	E
L	9,9975	10,00	R

	A	B	C	D	E	F	G	H	I	J	K	L
Lösungswort:	S	P	I	R	A	L	B	O	H	R	E	R

Station P

Station

Addition und Subtraktion ungleichnamiger Brüche

Rechnet die Aufgaben aus und schreibt die Lösungen in die freien Felder.
Malt im Rechenmandala alle Felder mit den Lösungszahlen mit einer Farbe aus.

A $2\frac{3}{4} + 1\frac{1}{8} = \mathbf{3\frac{7}{8}}$

B $4\frac{1}{2} + 2\frac{3}{4} = \mathbf{7\frac{1}{4}}$

C $6\frac{3}{5} + 1\frac{7}{10} = \mathbf{8\frac{3}{10}}$

D $5\frac{1}{3} + 1\frac{3}{4} = \mathbf{7\frac{1}{12}}$

E $3\frac{5}{7} + 2\frac{5}{14} = \mathbf{6\frac{1}{14}}$

F $5\frac{5}{12} + 1\frac{7}{8} = \mathbf{7\frac{7}{24}}$

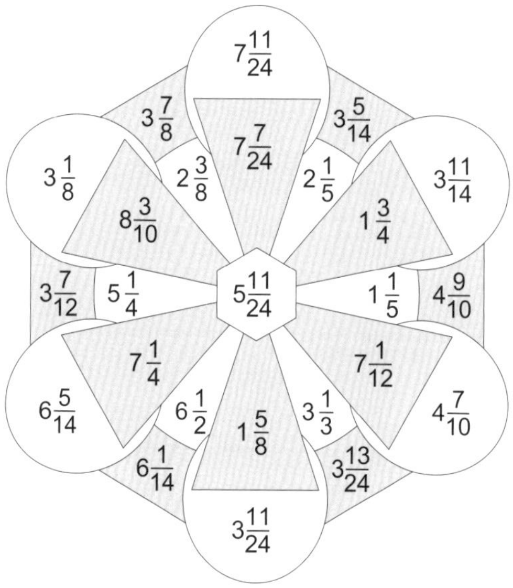

G $2\frac{3}{4} - 1\frac{1}{8} = \mathbf{1\frac{5}{8}}$

H $4\frac{1}{2} - 2\frac{3}{4} = \mathbf{1\frac{3}{4}}$

I $6\frac{3}{5} - 1\frac{7}{10} = \mathbf{4\frac{9}{10}}$

J $5\frac{1}{3} - 1\frac{3}{4} = \mathbf{3\frac{7}{12}}$

K $5\frac{5}{7} - 2\frac{5}{14} = \mathbf{3\frac{5}{14}}$

L $5\frac{5}{12} - 1\frac{7}{8} = \mathbf{3\frac{13}{24}}$

P

Station

!

Multiplikation von Dezimalbrüchen

- 1,8 • 2,4
- 4,9 • 3,6
- 9,3 • 8,4
- 4,9 • 9,7
- 0,9 • 6,8
- 2,7 • 5,43
- 8,4 • 72,8
- 6,9 • 5,09
- 78 • 58,2
- 8,6 • 7,74
- 3,768 • 36,9
- 0,065 • 56,7
- 308,5 • 5,62
- 0,783 • 9,18

P

Station

!

Division eines Dezimalbruchs durch eine natürliche Zahl

Tragt eure Lösungen in die grauen Felder ein. Zeichnet rechts im Kontrollfeld eine gerade Linie vom Aufgaben-Buchstaben zur Lösung.

A	8,435 : 5 =	G	95,22 : 9 =
B	5,224 : 8 =	H	3,036 : 12 =
C	45,12 : 12 =	I	1,977 : 3 =
D	43,52 : 17 =	J	0,717 : 3 =
E	123,54 : 6 =	K	137,75 : 19 =
F	9,36 : 8 =	L	5,978 : 7 =

Kontrollfeld:

A	2,56
B	0,653
C	3,76
D	1,687
E	10,58
F	1,17
G	20,59
H	0,854
I	0,659
J	0,239
K	7,25
L	0,253

Station

Multiplikation von Dezimalbrüchen

1,	8	•	2,	4
		3	6	
			7	2
		4,	3	2

4,	9	•	3,	6
	1	4	7	
		2	9	4
	1	7,	6	4

9,	3	•	8,	4
	7	4	4	
		3	7	2
	7	8,	1	2

4,	9	•	9,	7
	4	4	1	
		3	4	3
	4	7,	5	3

0,	9	•	6,	8
		5	4	
			7	2
		6,	1	2

2,	7	•	5,	4	3
	1	3	5		
		1	0	8	
				8	1
	1	4,	6	6	1

8,	4	•	7	2,	8
	5	8	8		
		1	6	8	
			6	7	2
	6	1	1,	5	2

6,	9	•	5,	0	9
	3	4	5		
				0	
			6	2	1
	3	5,	1	2	1

7	8	•	5	8,	2
	3	9	0		
		6	2	4	
			1	5	6
	4	5	3	9,	6

8,	6	•	7,	7	4
	6	0	2		
		6	0	2	
			3	4	4
	6	6,	5	6	4

3,	7	6	8	•	3	6,	9
	1	1	3	0	4		
		2	2	6	0	8	
			3	3	9	1	2
	1	3	9,	0	3	9	2

0,	0	6	5	•	5	6,	7
			3	2	5		
				3	9	0	
					4	5	5
			3,	6	8	5	5

3	0	8,	5	•	5,	6	2
	1	5	4	2	5		
		1	8	5	1	0	
				6	1	7	0
	1	7	3	3,	7	7	0

0,	7	8	3	•	9,	1	8
		7	0	4	7		
				7	8	3	
				6	2	6	4
		7,	1	8	7	9	4

Station

Division eines Dezimalbruchs durch eine natürliche Zahl

Tragt eure Lösungen in die grauen Felder ein. Zeichnet rechts im Kontrollfeld eine gerade Linie vom Aufgaben-Buchstaben zur Lösung.

- **A** 8,435 : 5 = 1,687
- **B** 5,224 : 8 = 0,653
- **C** 45,12 : 12 = 3,76
- **D** 43,52 : 17 = 2,56
- **E** 123,54 : 6 = 20,59
- **F** 9,36 : 8 = 1,17
- **G** 95,22 : 9 = 10,58
- **H** 3,036 : 12 = 0,253
- **I** 1,977 : 3 = 0,659
- **J** 0,717 : 3 = 0,239
- **K** 137,75 : 19 = 7,25
- **L** 5,978 : 7 = 0,854

Kontrollfeld:

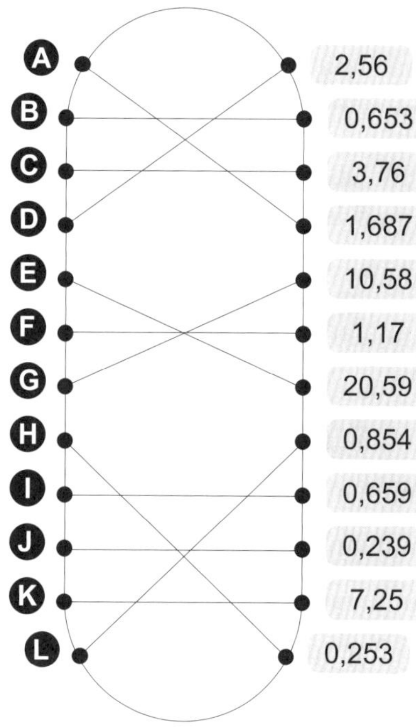

Station P

Rechnen mit Dezimalbrüchen

Berechnet die Aufgaben. Es gelten die Rechenregeln für Klammern und die Punkt- vor Strich-Rechenregel.
Aus den Kennbuchstaben der richtigen Lösungen ergibt sich ein Lösungswort.

A $9,3 \cdot (52,03 - 31,67)$
187,348 (E) 188,348 (P) 189,348 (M)

B $78,5 - 3,5 \cdot 6,6$
53,4 (E) 55,4 (I) 56,4 (L)

C $0,8 \cdot (12,5 + 7,35)$
14,48 (S) 15,88 (N) 16,88 (E)

D $(9,97 + 0,54) : 0,4$
26,275 (U) 26,575 (D) 26,375 (K)

E $0,2 \cdot 50 - 3 : 0,6$
5 (S) 6 (T) 9 (E)

F $(6,75 : 3 + 13,2) : 1,5$
9,3 (R) 10,3 (P) 11,3 (L)

G $(5,6 - 2,38) \cdot (48,7 + 5,5)$
174,524 (U) 175,254 (S) 175,425 (O)

H $(12,5 : 0,2 + 0,05) \cdot 0,3$
18,775 (L) 18,576 (Ä) 18,765 (N)

I $(7,68 - 2,97) : 0,6$
7,75 (G) 6,85 (Y) 7,85 (K)

J $0,75 : 0,025 - 1,1 : 0,04$
2,6 (E) 2,5 (T) 3,5 (K)

Lösungswort:

A	B	C	D	E	F	G	H	I	J

Station P

Multiplikation eines Dezimalbruchs mit einer natürlichen Zahl

Tragt eure Lösungen in die grauen Felder ein. Zeichnet rechts im Kontrollfeld eine gerade Linie vom Aufgaben-Buchstaben zur Lösung.

A	$4,36 \cdot 8 =$	**G**	$12,7 \cdot 15 =$
B	$12,5 \cdot 7 =$	**H**	$37,9 \cdot 11 =$
C	$4,9 \cdot 29 =$	**I**	$4,7 \cdot 33 =$
D	$0,859 \cdot 8 =$	**J**	$0,53 \cdot 45 =$
E	$6,9 \cdot 23 =$	**K**	$16,4 \cdot 6 =$
F	$17,7 \cdot 25 =$	**L**	$5,97 \cdot 9 =$

Kontrollfeld:

A	142,1
B	6,872
C	34,88
D	87,5
E	158,7
F	416,9
G	190,5
H	442,5
I	53,73
J	23,85
K	98,4
L	155,1

Station

Rechnen mit Dezimalbrüchen

Berechnet die Aufgaben. Es gelten die Rechenregeln für Klammern und die Punkt- vor Strich-Rechenregel. Aus den Kennbuchstaben der richtigen Lösungen ergibt sich ein Lösungswort.

A **9,3 • (52,03 – 31,67)**
189,348 Ⓜ

B **78,5 – 3,5 • 6,6**
55,4 Ⓘ

C **0,8 • (12,5 + 7,35)**
15,88 Ⓝ

D **(9,97 + 0,54) : 0,4**
26,275 Ⓤ

E **0,2 • 50 – 3 : 0,6**
5 Ⓢ

F **(6,75 : 3 + 13,2) : 1,5**
10,3 Ⓟ

G **(5,6 – 2,38) • (48,7 + 5,5)**
174,524 Ⓤ

H **(12,5 : 0,2 + 0,05) • 0,3**
18,765 Ⓝ

I **(7,68 – 2,97) : 0,6**
7,85 Ⓚ

J **0,75 : 0,025 – 1,1 : 0,04**
2,5 Ⓣ

Lösungswort:

A	M
B	I
C	N
D	U
E	S
F	P
G	U
H	N
I	K
J	T

Station

Multiplikation eines Dezimalbruchs mit einer natürlichen Zahl

Tragt eure Lösungen in die grauen Felder ein. Zeichnet rechts im Kontrollfeld eine gerade Linie vom Aufgaben-Buchstaben zur Lösung.

Ⓐ 4,36 • 8 = 34,88

Ⓑ 12,5 • 7 = 87,5

Ⓒ 4,9 • 29 = 142,1

Ⓓ 0,859 • 8 = 6,872

Ⓔ 6,9 • 23 = 158,7

Ⓕ 17,7 • 25 = 442,5

Ⓖ 12,7 • 15 = 190,5

Ⓗ 37,9 • 11 = 416,9

Ⓘ 4,7 • 33 = 155,1

Ⓙ 0,53 • 45 = 23,85

Ⓚ 16,4 • 6 = 98,4

Ⓛ 5,97 • 9 = 53,73

Kontrollfeld:

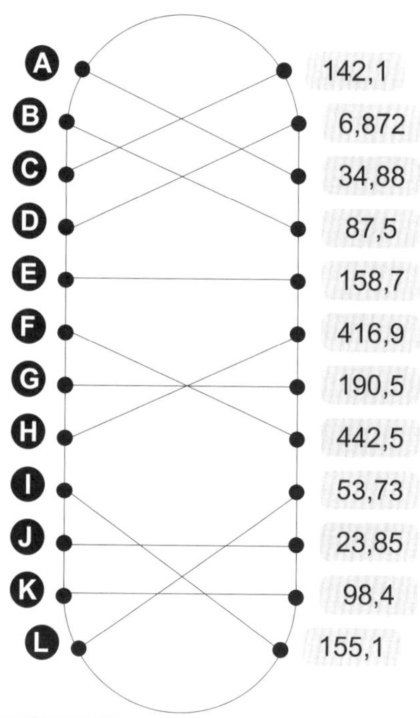

Station

E

Unechte Brüche - Gemischte Zahlen

Schreibe als gemischte Zahl und als unechten Bruch.

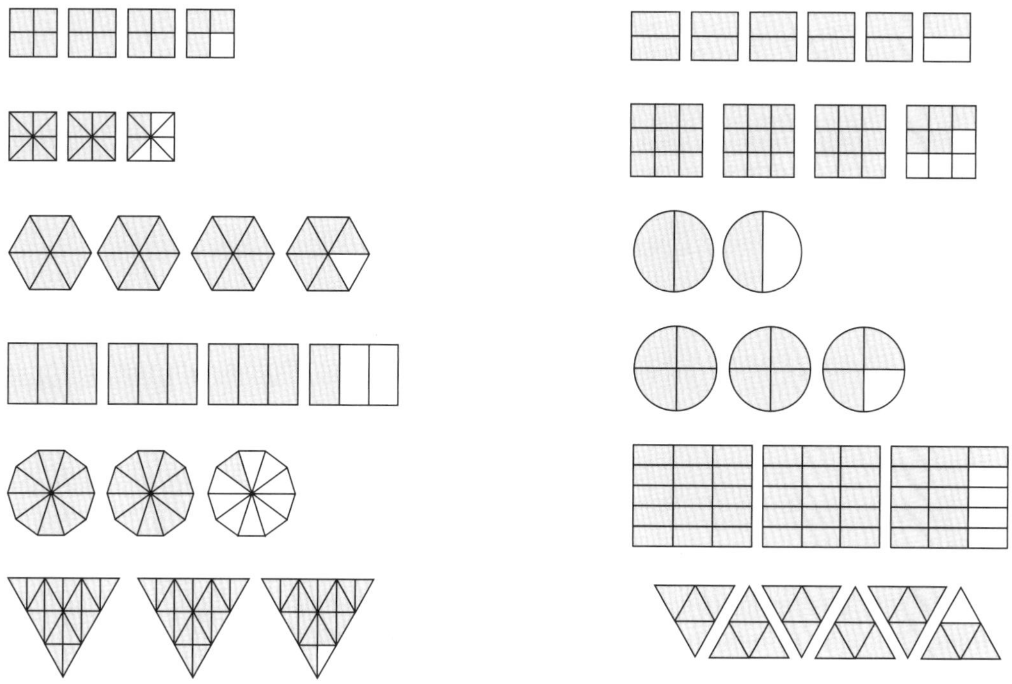

Station

E

Schriftliche Division

Dividiere schriftlich.

9 8 6,7 : 1 1 =

3 9 2,8 : 4 9 1 =

1 7 9,2 : 7 =

3,3 4 8 : 9 =

5 7,6 : 9 =

4 1,4 4 : 7 =

0,9 8 : 1 4 =

1 3,5 : 5 =

7 7,6 : 8 =

3 3 6,4 2 : 8 9 =

4 5,0 : 1 8 =

1 1 6,4 : 1 2 =

4 9,2 : 6 =

Station E

Unechte Brüche - Gemischte Zahlen

Schreibe als gemischte Zahl und als unechten Bruch.

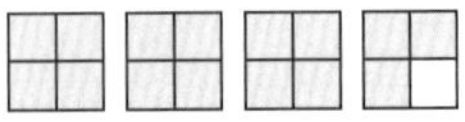

$3\frac{3}{4}$ oder $\frac{15}{4}$

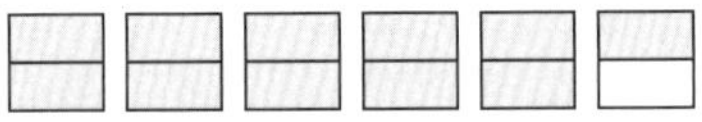

$5\frac{1}{2}$ oder $\frac{11}{2}$

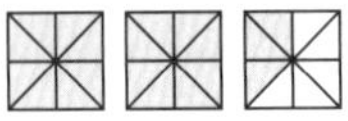

$2\frac{3}{8}$ oder $\frac{19}{8}$

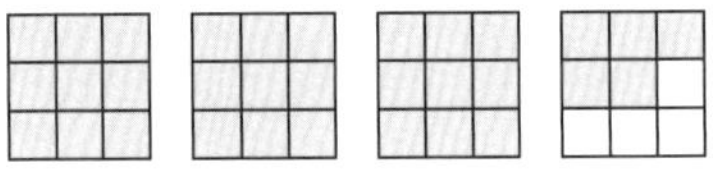

$3\frac{5}{9}$ oder $\frac{32}{9}$

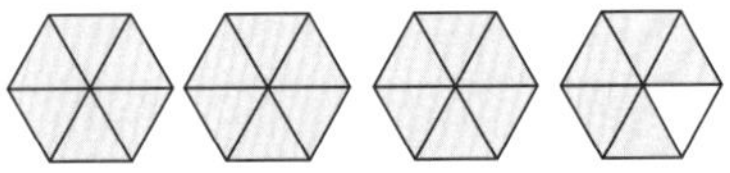

$3\frac{5}{6}$ oder $\frac{23}{6}$

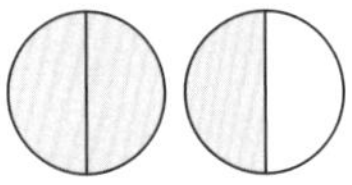

$1\frac{1}{2}$ oder $\frac{3}{2}$

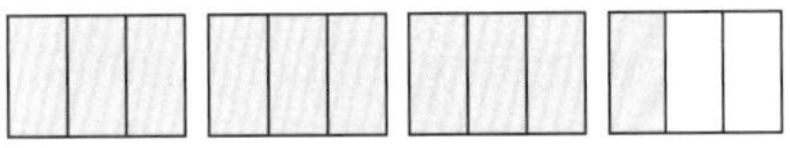

$3\frac{1}{3}$ oder $\frac{10}{3}$

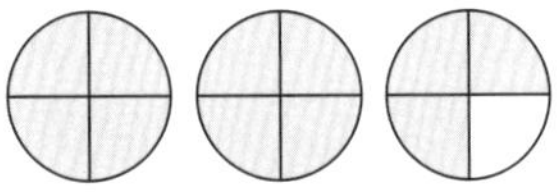

$2\frac{3}{4}$ oder $\frac{11}{4}$

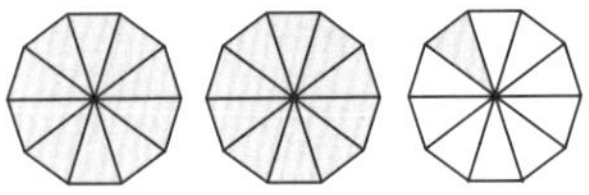

$2\frac{1}{10}$ oder $\frac{21}{10}$

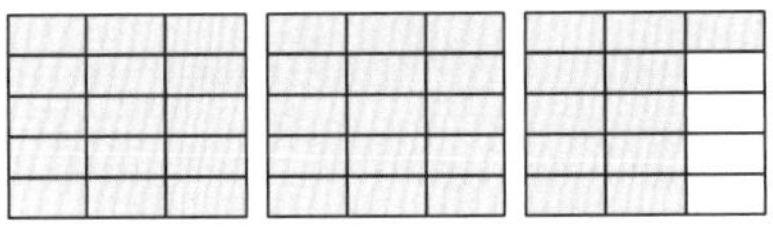

$2\frac{11}{15}$ oder $\frac{41}{15}$

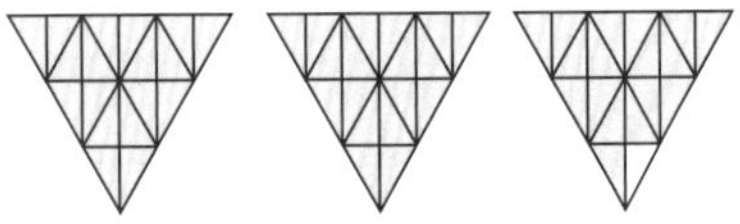

$2\frac{17}{18}$ oder $\frac{53}{18}$

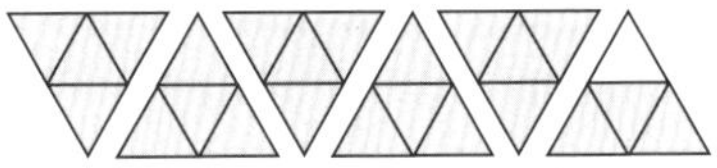

$5\frac{3}{4}$ oder $\frac{23}{4}$

Station E

Schriftliche Division

Dividiere schriftlich.

986,7 : 11 = 89,7
88
106
99
77
77
0

3,348 : 9 = 0,372
0
33
27
64
63
18
18
0

41,44 : 7 = 5,92
35
64
63
14
14
0

0,98 : 14 = 0,07
0
09
0
98
98
0

13,5 : 5 = 2,7
10
35
35
0

392,8 : 491 = 0,8
0
3928
3928
0

179,2 : 7 = 25,6
14
39
35
42
42
0

57,6 : 9 = 6,4
54
36
36
0

77,6 : 8 = 9,7
72
56
56
0

336,42 : 89 = 3,78
267
694
623
712
712
0

45,0 : 18 = 2,5
36
90
90
0

116,4 : 12 = 9,7
108
84
84
0

49,2 : 6 = 8,2
48
12
12
0

Station

Punkt- vor Strichrechnung

Übertragt die Aufgaben aus der Tabelle in die freien Felder und rechnet sie aus.

•	1,5	2,8	3,4	1,9	+
0,3	J		B	H	2,7
0,8		F	L	D	
0,6	G	I	A		3,6
0,5	C		E	K	

A 0,6 • 3,4 + 3,6 =

B 0,3 • 3,4 +

C 0,5 • 1,5

D 0,8 •

E

F

G

H

I

J

K

L

Station

Punkt- vor Strichrechnung

Übertragt die Aufgaben aus der Tabelle in die freien Felder und rechnet sie aus.

:	0,2	0,3	0,4	0,5	+
1,2		J	B	H	0,8
2,6	F		L	D	
2,4	G	I	A		1,3
3,2	C		E	K	

A 2,4 : 0,4 + 1,3 =

B 1,2 : 0,4 +

C 3,2 : 0,2

D 2,6 :

E

F

G

H

I

J

K

L

Station

Punkt- vor Strichrechnung

Übertragt die Aufgaben aus der Tabelle in die freien Felder und rechnet sie aus.

•	1,5	2,8	3,4	1,9	+
0,3	J		B	H	2,7
0,8		F	L	D	
0,6	G	I	A		3,6
0,5	C		E	K	

A 0,6 • 3,4 + 3,6 = 5,64

B 0,3 • 3,4 + 2,7 = 3,72

C 0,5 • 1,5 + 3,6 = 4,35

D 0,8 • 1,9 + 2,7 = 4,22

E 0,5 • 3,4 + 3,6 = 5,3

F 0,8 • 2,8 + 2,7 = 4,94

G 0,6 • 1,5 + 3,6 = 4,5

H 0,3 • 1,9 + 2,7 = 3,27

I 0,6 • 2,8 + 3,6 = 5,28

J 0,3 • 1,5 + 2,7 = 3,15

K 0,5 • 1,9 + 3,6 = 4,55

L 0,8 • 3,4 + 2,7 = 5,42

Station

Punkt- vor Strichrechnung

Übertragt die Aufgaben aus der Tabelle in die freien Felder und rechnet sie aus.

:	0,2	0,3	0,4	0,5	+
1,2		J	B	H	0,8
2,6	F		L	D	
2,4	G	I	A		1,3
3,2	C		E	K	

A 2,4 : 0,4 + 1,3 = 7,3

B 1,2 : 0,4 + 0,8 = 3,8

C 3,2 : 0,2 + 1,3 = 17,3

D 2,6 : 0,5 + 0,8 = 6

E 3,2 : 0,4 + 1,3 = 9,3

F 2,6 : 0,2 + 0,8 = 13,8

G 2,4 : 0,2 + 1,3 = 13,3

H 1,2 : 0,5 + 0,8 = 3,2

I 2,4 : 0,3 + 1,3 = 9,3

J 1,2 : 0,3 + 0,8 = 4,8

K 3,2 : 0,5 + 1,3 = 7,7

L 2,6 : 0,4 + 0,8 = 7,3

Station E

Addition von Dezimalbrüchen

Du schaffst es ganz bestimmt, zwei nebeneinanderstehende Dezimalbrüche zu addieren und dein Ergebnis in das Kästchen darüber einzutragen. Welcher Dezimalbruch steht an der Spitze der Zahlenmauer?

0,6	1,7	0,8	2,1	0,5	2,6	1,9	3,4	0,7	2,8

Kohls Stationenlernen Mathematik / 6. Schuljahr – Bestell-Nr. 11 593

Station P

Subtraktion von Dezimalbrüchen

Zieht jeweils von zwei nebeneinanderstehenden Dezimalbrüchen den kleineren vom größeren ab und tragt das Ergebnis in das Kästchen darunter ein. Welcher Dezimalbruch steht im untersten Kästchen?

3212,54	1700,89	877,34	442,24	220,6	111,4	58,6	32,7	18,9	10,61

Station E

Addition von Dezimalbrüchen

Du schaffst es ganz bestimmt, zwei nebeneinanderstehende Dezimalbrüche zu addieren und dein Ergebnis in das Kästchen darüber einzutragen. Welcher Dezimalbruch steht an der Spitze der Zahlenmauer?

902,8									
415,9	486,9								
191,6	224,3	262,6							
89,8	101,8	122,5	140,1						
43,2	46,6	55,2	67,3	72,8					
21,1	22,1	24,5	30,7	36,6	36,2				
10,2	10,9	11,2	13,3	17,4	19,2	17			
4,8	5,4	5,5	5,7	7,6	9,8	9,4	7,6		
2,3	2,5	2,9	2,6	3,1	4,5	5,3	4,1	3,5	
0,6	1,7	0,8	2,1	0,5	2,6	1,9	3,4	0,7	2,8

Station P

Subtraktion von Dezimalbrüchen

Zieht jeweils von zwei nebeneinanderstehenden Dezimalbrüchen den kleineren vom größeren ab und tragt das Ergebnis in das Kästchen darunter ein. Welcher Dezimalbruch steht im untersten Kästchen?

3212,54	1700,89	877,34	442,24	220,6	111,4	58,6	32,7	18,9	10,61
1511,65	823,55	435,1	221,64	109,2	52,8	25,9	13,8	8,29	
688,1	388,45	213,46	112,44	56,4	26,9	12,1	5,51		
299,65	174,99	101,02	56,04	29,5	14,8	6,59			
124,66	73,97	44,98	26,54	14,7	8,21				
50,69	28,99	18,44	11,84	6,49					
21,7	10,55	6,6	5,35						
11,15	3,95	1,25							
7,2	2,7								
4,5									

Station E

!

Multiplikation von Brüchen

Berechne die Produkte. Wandle gemischte Zahlen zuerst in unechte Brüche um. Die Buchstaben der richtigen Antworten ergeben ein Lösungswort.

A $9 \cdot 4\frac{3}{4}$
- S $43\frac{1}{2}$
- B $41\frac{1}{4}$
- M $42\frac{3}{4}$

B $\frac{4}{5} \cdot 3\frac{1}{2}$
- U $2\frac{4}{5}$
- I $2\frac{3}{5}$
- P $3\frac{1}{5}$

C $\frac{2}{7} \cdot 2\frac{1}{3}$
- R $\frac{1}{7}$
- T $\frac{2}{3}$
- I $\frac{3}{7}$

D $\frac{2}{3} \cdot 3\frac{1}{4}$
- P $2\frac{1}{6}$
- K $2\frac{1}{4}$
- O $2\frac{2}{3}$

E $2\frac{1}{6} \cdot 2\frac{2}{5}$
- N $4\frac{1}{5}$
- R $5\frac{1}{5}$
- H $6\frac{1}{5}$

F $3\frac{1}{9} \cdot 3\frac{3}{7}$
- O $10\frac{2}{3}$
- U $10\frac{1}{3}$
- A $11\frac{2}{3}$

G $4\frac{2}{3} \cdot 1\frac{6}{7}$
- H $7\frac{1}{3}$
- G $8\frac{1}{3}$
- B $8\frac{2}{3}$

H $2\frac{1}{4} \cdot 3\frac{2}{3}$
- E $8\frac{1}{4}$
- N $8\frac{3}{4}$
- Z $7\frac{3}{4}$

Lösungswort:

A	B	C	D	E	F	G	H

Station E

!

Division von Brüchen

Berechne die Quotienten. Wandle gemischte Zahlen zuerst in unechte Brüche um. Die Buchstaben der richtigen Antworten ergeben ein Lösungswort.

A $4\frac{3}{4} : 5$
- S $\frac{19}{20}$
- B $\frac{17}{20}$
- M $\frac{13}{20}$

B $2\frac{1}{4} : 1\frac{3}{5}$
- U $1\frac{11}{16}$
- I $1\frac{11}{20}$
- P $1\frac{13}{32}$

C $9\frac{4}{5} : 3\frac{9}{11}$
- R $2\frac{19}{30}$
- T $3\frac{7}{30}$
- I $2\frac{17}{30}$

D $6\frac{2}{9} : 5\frac{5}{6}$
- P $1\frac{7}{15}$
- K $1\frac{2}{15}$
- O $1\frac{1}{15}$

E $12\frac{4}{5} : 6$
- N $2\frac{2}{15}$
- R $2\frac{4}{15}$
- H $2\frac{7}{15}$

F $3\frac{1}{9} : 4\frac{1}{5}$
- O $\frac{2}{3}$
- U $\frac{1}{3}$
- A $\frac{20}{27}$

G $5\frac{1}{7} : 3\frac{3}{8}$
- H $1\frac{13}{21}$
- G $1\frac{11}{21}$
- B $1\frac{10}{21}$

H $6\frac{1}{8} : 8\frac{3}{4}$
- E $\frac{7}{10}$
- N $\frac{9}{10}$
- Z $\frac{7}{11}$

Lösungswort:

A	B	C	D	E	F	G	H

Station E

Multiplikation von Brüchen

Berechne die Produkte. Wandle gemischte Zahlen zuerst in unechte Brüche um. Die Buchstaben der richtigen Antworten ergeben ein Lösungswort.

A $9 \cdot 4\frac{3}{4}$ — (M) $42\frac{3}{4}$

B $\frac{4}{5} \cdot 3\frac{1}{2}$ — (U) $2\frac{4}{5}$

C $\frac{2}{7} \cdot 2\frac{1}{3}$ — (T) $\frac{2}{3}$

D $\frac{2}{3} \cdot 3\frac{1}{4}$ — (P) $2\frac{1}{6}$

E $2\frac{1}{6} \cdot 2\frac{2}{5}$ — (R) $5\frac{1}{5}$

F $3\frac{1}{9} \cdot 3\frac{3}{7}$ — (O) $10\frac{2}{3}$

G $4\frac{2}{3} \cdot 1\frac{6}{7}$ — (B) $8\frac{2}{3}$

H $2\frac{1}{4} \cdot 3\frac{2}{3}$ — (E) $8\frac{1}{4}$

Lösungswort:

A	B	C	D	E	F	G	H
M	U	T	P	R	O	B	E

Station E

Division von Brüchen

Berechne die Quotienten. Wandle gemischte Zahlen zuerst in unechte Brüche um. Die Buchstaben der richtigen Antworten ergeben ein Lösungswort.

A $4\frac{3}{4} : 5$ — (S) $\frac{19}{20}$

B $2\frac{1}{4} : 1\frac{3}{5}$ — (P) $1\frac{13}{32}$

C $9\frac{4}{5} : 3\frac{9}{11}$ — (I) $2\frac{17}{30}$

D $6\frac{2}{9} : 5\frac{5}{6}$ — (O) $1\frac{1}{15}$

E $12\frac{4}{5} : 6$ — (N) $2\frac{2}{15}$

F $3\frac{1}{9} : 4\frac{1}{5}$ — (A) $\frac{20}{27}$

G $5\frac{1}{7} : 3\frac{3}{8}$ — (G) $1\frac{11}{21}$

H $6\frac{1}{8} : 8\frac{3}{4}$ — (E) $\frac{7}{10}$

Lösungswort:

A	B	C	D	E	F	G	H
S	P	I	O	N	A	G	E

Kohls Stationenlernen Mathematik / 6. Schuljahr - Bestell-Nr. 11 592

Kohls Stationenlernen Mathematik / 6. Schuljahr - Bestell-Nr. 11 592

Station E

Daten auswerten

A Bestimme Minimum, Maximum, Mittelwert und Zentralwert.

5; 10; 15; 20; 25; 30; 35; 40; 45; 50

Minimum: ______

Maximum: ______

Mittelwert: ______

Zentralwert: ______

B Die acht Ruderer eines Bootes wiegen 86 kg, 84 kg, 91 kg, 88,5 kg, 92,7 kg, 85,6 kg, 79 kg und 87 kg. Wie viel Kilogramm sind das im Durchschnitt?

Mittelwert: ______ kg

C Der Mittelwert soll 12 sein. Ergänze die fehlende Zahl.

7,5; 8,5; ______; 15; 20

D Der Zentralwert soll 17 sein. Ergänze die fehlende Zahl.

7; 9; 12; 17; ______; 18; 23; 25; 26

E Wie lange brauchen die Schüler der 6. Klasse im Durchschnitt täglich für ihre Hausaufgaben?

<table>
<tr><td>Dauer</td><td>$\frac{1}{4}$ h</td><td>$\frac{1}{2}$ h</td><td>1 h</td><td>$1\frac{1}{2}$ h</td></tr>
<tr><td>Anzahl Schüler</td><td>||||</td><td>𝍸|||</td><td>𝍸||</td><td>|||</td></tr>
</table>

Mittelwert: ______ Minuten

F Die Firma Oldie kontrolliert stichprobenweise die Gewichte ihrer Cornflakespackungen „Tutti Fruit" und „Fitti Paldi".
„Tutti Fruit": 497 g, 504 g, 502 g, 508 g, 492 g, 499 g, 500 g, 502 g
„Fitti Paldi": 500 g, 508 g, 491 g, 494 g, 501 g, 493 g, 496 g, 507 g, 501 g, 504 g. Berechne für jede Stichprobe den Mittelwert, die Spannweite und den Zentralwert.

Mittelwert: ______ g Spannweite: ______ g Zentralwert: ______ g

Mittelwert: ______ g Spannweite: ______ g Zentralwert: ______ g

Station E

Volumen und Oberfläche von Würfel und Quader

A Berechne das Volumen und die Oberfläche eines Würfels mit der Kantenlänge a = 7 cm.

Volumen: ______ cm^3

Oberfläche: ______ cm^2

B Berechne das Volumen und die Oberfläche eines Quaders mit den Kantenlängen a = 4 cm, b = 5 cm, c = 6 cm.

Volumen: ______ cm^3

Oberfläche: ______ cm^2

C Für die Unterkellerung eines Hauses wird eine Baugrube von 11 m Länge, 10 m Breite und 2,80 m Tiefe ausgehoben. Wie viel m^3 Aushub müssen abtransportiert werden?

Aushub: ______ m^3

D Ein Schwimmbecken ist 15 m lang und 7 m breit. Die Wassertiefe wird mit 1,50 m angegeben. Wie viele Liter Wasser werden eingefüllt?

Volumen: ______ l

E Ein quaderförmiger Koffer hat ein Fassungsvermögen von 80 l. Innen ist er 80 cm lang und 50 cm breit. Welche Höhe hat er?

Höhe: ______ cm

F Die Oberfläche eines Würfels beträgt 150 cm^2. Berechne die Kantenlänge a und das Volumen V.

Kantenlänge a: ______ cm

Volumen: ______ cm^3

G Das Volumen eines Würfels beträgt 64 cm^3. Berechne die Kantenlänge a und die Oberfläche O.

Kantenlänge a: ______ cm

Oberfläche: ______ cm^2

H Eine Straße erhält eine neue Asphaltschicht von 5 cm Dicke. Die Straße ist 250 m lang und 6 m breit. Wie viele m^3 Asphalt braucht man?

Volumen: ______ m^3

I Die Arbeitsplatte einer Küche ist 5 m lang, 60 cm tief und 5 cm hoch. Sie ist aus Granit. Ein m^3 Granit wiegt 2,8 t. Wie schwer ist die Arbeitplatte?

Gewicht: ______ kg

Station

E

Daten auswerten

!

A Bestimme Minimum, Maximum, Mittelwert und Zentralwert.

5; 10; 15; 20; 25; 30; 35; 40; 45; 50

Minimum: 5

Maximum: 50

Mittelwert: 27,5

Zentralwert: 27,5

B Die acht Ruderer eines Bootes wiegen 86 kg, 84 kg, 91 kg, 88,5 kg, 92,7 kg, 85,6 kg, 79 kg und 87 kg.
Wie viel Kilogramm sind das im Durchschnitt?

Mittelwert: 86,725 kg

C Der Mittelwert soll 12 sein. Ergänze die fehlende Zahl.

7,5; 8,5; 9 ; 15; 20

D Der Zentralwert soll 17 sein. Ergänze die fehlende Zahl.

7; 9; 12; 17; 17 ; 18; 23; 25; 26

E Wie lange brauchen die Schüler der 6. Klasse im Durchschnitt täglich für ihre Hausaufgaben?

Dauer	$\frac{1}{4}$ h	$\frac{1}{2}$ h	1 h	$1\frac{1}{2}$ h
Anzahl Schüler	IIII	𝍸 III	𝍸 II	III

Mittelwert: 45 Minuten

F Die Firma Oldie kontrolliert stichprobenweise die Gewichte ihrer Cornflakespackungen „Tutti Fruit" und „Fitti Paldi".
„Tutti Fruit": 497 g, 504 g, 502 g, 508 g, 492 g, 499 g, 500 g, 502 g
„Fitti Paldi": 500 g, 508 g, 491 g, 494 g, 501 g, 493 g, 496 g, 507 g, 501 g, 504 g. Berechne für jede Stichprobe den Mittelwert, die Spannweite und den Zentralwert.

Mittelwert: 500,5 g Spannweite: 16 g Zentralwert: 501 g

Mittelwert: 499,5 g Spannweite: 17 g Zentralwert: 500,5 g

Station

E

Volumen und Oberfläche von Würfel und Quader

!

A Berechne das Volumen und die Oberfläche eines Würfels mit der Kantenlänge a = 7 cm.

Volumen: 343 cm^3

Oberfläche: 294 cm^2

B Berechne das Volumen und die Oberfläche eines Quaders mit den Kantenlängen a = 4 cm, b = 5 cm, c = 6 cm.

Volumen: 120 cm^3

Oberfläche: 148 cm^2

C Für die Unterkellerung eines Hauses wird eine Baugrube von 11 m Länge, 10 m Breite und 2,80 m Tiefe ausgehoben. Wie viel m^3 Aushub müssen abtransportiert werden?

Aushub: 308 m^3

D Ein Schwimmbecken ist 15 m lang und 7 m breit. Die Wassertiefe wird mit 1,50 m angegeben. Wie viele Liter Wasser werden eingefüllt?

Volumen: 157500 l

E Ein quaderförmiger Koffer hat ein Fassungsvermögen von 80 l. Innen ist er 80 cm lang und 50 cm breit. Welche Höhe hat er?

Höhe: 20 cm

F Die Oberfläche eines Würfels beträgt 150 cm^2. Berechne die Kantenlänge a und das Volumen V.

Kantenlänge a: 5 cm

Volumen: 125 cm^3

G Das Volumen eines Würfels beträgt 64 cm^3. Berechne die Kantenlänge a und die Oberfläche O.

Kantenlänge a: 4 cm

Oberfläche: 96 cm^2

H Eine Straße erhält eine neue Asphaltschicht von 5 cm Dicke. Die Straße ist 250 m lang und 6 m breit. Wie viele m^3 Asphalt braucht man?

Volumen: 75 m^3

I Die Arbeitsplatte einer Küche ist 5 m lang, 60 cm tief und 5 cm hoch. Sie ist aus Granit. Ein m^3 Granit wiegt 2,8 t. Wie schwer ist die Arbeitplatte?

Gewicht: 420 kg

P

Station

Vergleichen und Ordnen von Brüchen

Welche Bruchzahl liegt genau in der Mitte zwischen den gegebenen Zahlen? Die Buchstaben bei der richtigen Antwort ergeben das Lösungswort.

A $\frac{3}{10}$; $\frac{4}{5}$
- $\frac{11}{20}$ **H**
- $\frac{1}{2}$ **S**
- $\frac{6}{10}$ **U**

B $\frac{2}{7}$; $\frac{6}{7}$
- $\frac{1}{2}$ **M**
- $\frac{4}{7}$ **A**
- $\frac{8}{14}$ **O**

C $\frac{8}{11}$; $\frac{17}{22}$
- $\frac{3}{4}$ **A**
- $\frac{21}{44}$ **N**
- $\frac{9}{11}$ **L**

D $\frac{3}{4}$; $\frac{9}{10}$
- $\frac{17}{20}$ **E**
- $\frac{3}{4}$ **N**
- $\frac{33}{40}$ **R**

E $\frac{7}{25}$; $\frac{26}{75}$
- $\frac{1}{3}$ **A**
- $\frac{47}{150}$ **N**
- $\frac{9}{25}$ **I**

F $\frac{4}{9}$; $\frac{5}{9}$
- $\frac{7}{18}$ **B**
- $\frac{2}{3}$ **T**
- $\frac{1}{2}$ **A**

G $\frac{3}{5}$; 1
- $\frac{1}{2}$ **U**
- $\frac{4}{5}$ **D**
- $\frac{7}{10}$ **E**

H $\frac{5}{1000}$; $\frac{7}{1000}$
- $\frac{4}{500}$ **S**
- $\frac{6}{500}$ **N**
- $\frac{3}{500}$ **E**

I $\frac{1}{2}$; $\frac{3}{2}$
- $\frac{3}{4}$ **G**
- 1 **L**
- $\frac{2}{3}$ **D**

Lösungswort:

A	B	C	D	E	F	G	H	I

P

Station

Texte und mathematische Sprache

Wie lautet der passende Rechenausdruck zum Text? Schreibt ihn auf und berechnet dann den Wert. Aus den Kennbuchstaben der richtigen Antworten ergibt sich ein Lösungswort.

A Dividiere die Differenz von $1\frac{1}{2}$ und $\frac{7}{8}$ durch $\frac{2}{3}$.

$\frac{11}{16}$ **B** $\frac{13}{16}$ **K** $\frac{15}{16}$ **F**

B Subtrahiere $\frac{3}{4}$ vom Produkt der Zahlen $1\frac{5}{6}$ und $\frac{2}{3}$.

$\frac{17}{36}$ **L** $\frac{13}{18}$ **I** $\frac{19}{36}$ **O**

C Addiere zur Differenz von $\frac{1}{2}$ und $\frac{1}{3}$ die Summe von $\frac{1}{4}$ und $\frac{3}{8}$.

$\frac{17}{24}$ **L** $\frac{19}{24}$ **I** $\frac{23}{24}$ **K**

D Dividiere das Produkt von $3\frac{1}{4}$ und $\frac{4}{9}$ durch $4\frac{2}{3}$.

$\frac{13}{42}$ **E** $\frac{11}{42}$ **I** $\frac{17}{42}$ **B**

E Addiere das Produkt von $\frac{7}{9}$ und $\frac{3}{14}$ zur Differenz von $\frac{5}{6}$ und $\frac{2}{3}$.

$\frac{5}{14}$ **E** $\frac{1}{3}$ **G** $\frac{9}{14}$ **N**

F Addiere zu $5\frac{3}{8}$ den Quotienten der Zahlen $\frac{85}{72}$ und $\frac{17}{27}$.

$7\frac{1}{4}$ **E** $7\frac{1}{3}$ **I** $7\frac{1}{2}$ **N**

Lösungswort:

A	B	C	D	E	F

Station

Vergleichen und Ordnen von Brüchen

Welche Bruchzahl liegt genau in der Mitte zwischen den gegebenen Zahlen? Die Buchstaben bei der richtigen Antwort ergeben das Lösungswort.

A $\frac{3}{10}$; $\frac{4}{5}$ — $\frac{11}{20}$ **H**

B $\frac{2}{7}$; $\frac{6}{7}$ — $\frac{4}{7}$ **A**

C $\frac{8}{11}$; $\frac{17}{22}$ — $\frac{3}{4}$ **A**

D $\frac{3}{4}$; $\frac{9}{10}$ — $\frac{33}{40}$ **R**

E $\frac{7}{25}$; $\frac{26}{75}$ — $\frac{47}{150}$ **N**

F $\frac{4}{9}$; $\frac{5}{9}$ — $\frac{1}{2}$ **A**

G $\frac{3}{5}$; 1 — $\frac{4}{5}$ **D**

H $\frac{5}{1000}$; $\frac{7}{1000}$ — $\frac{3}{500}$ **E**

I $\frac{1}{2}$; $\frac{3}{2}$ — 1 **L**

Lösungswort:

A	B	C	D	E	F	G	H	I
H	A	A	R	N	A	D	E	L

Station

Texte und mathematische Sprache

Wie lautet der passende Rechenausdruck zum Text? Schreibt ihn auf und berechnet dann den Wert.
Aus den Kennbuchstaben der richtigen Antworten ergibt sich ein Lösungswort.

A Dividiere die Differenz von $1\frac{1}{2}$ und $\frac{7}{8}$ durch $\frac{2}{3}$.

$(1\frac{1}{2} - \frac{7}{8}) : \frac{2}{3} =$

$\frac{15}{16}$ **F**

B Subtrahiere $\frac{3}{4}$ vom Produkt der Zahlen $1\frac{5}{6}$ und $\frac{2}{3}$.

$1\frac{5}{6} \cdot \frac{2}{3} - \frac{3}{4} =$

$\frac{17}{36}$ **L**

C Addiere zur Differenz von $\frac{1}{2}$ und $\frac{1}{3}$ die Summe von $\frac{1}{4}$ und $\frac{3}{8}$.

$(\frac{1}{2} - \frac{1}{3}) + (\frac{1}{4} + \frac{3}{8}) =$

$\frac{19}{24}$ **I**

D Dividiere das Produkt von $3\frac{1}{4}$ und $\frac{4}{9}$ durch $4\frac{2}{3}$.

$(3\frac{1}{4} \cdot \frac{4}{9}) : 4\frac{2}{3} =$

$\frac{13}{42}$ **E**

E Addiere das Produkt von $\frac{7}{9}$ und $\frac{3}{14}$ zur Differenz von $\frac{5}{6}$ und $\frac{2}{3}$.

$(\frac{5}{6} - \frac{2}{3}) + \frac{7}{9} \cdot \frac{3}{14} =$

$\frac{1}{3}$ **G**

F Addiere zu $5\frac{3}{8}$ den Quotienten der Zahlen $\frac{85}{72}$ und $\frac{17}{27}$.

$5\frac{3}{8} + \frac{85}{72} : \frac{17}{27} =$

$7\frac{1}{4}$ **E**

Lösungswort:

A	B	C	D	E	F
F	L	I	E	G	E

E

Station

!

Rechnen mit Stufenzahlen

Rechne jede Aufgabe im Kopf. Verbinde die Aufgabe mit der zugehörigen Lösung. Aus den Kennbuchstaben der richtigen Antworten ergibt sich ein Lösungswort.

Aufgabe	Lösung	Buchstaben
A 2,63 • 100 =	2630	BL
	263	AL
	26,3	MA
B 100 • 0,0775	7,75	BA
	77,5	JO
	0,775	UT
C 10 000 • 0,036 =	360	TR
	36	EG
	3 600	NÄ
D 0,046 • 100 000 =	46 000	SE
	460	EL
	4 600	OS

Lösungswort:

A	B	C	D

Aufgabe	Lösung	Buchstaben
E 10,7 : 100 =	0,0107	UM
	1,07	KR
	0,107	HA
F 0,16 : 10 000 =	0,016	GE
	0,000016	IF
	0,0016	EA
G 157,8 : 1 000 =	0,1578	IS
	1,578	TI
	0,01578	GE
H 1,2 : 100 000 =	0,000012	CH
	0,00012	ND
	0,0012	ON

Lösungswort:

E	F	G	H

E

Station

!

Bruchteile von Größen

Gib den Bruchteil in der kleineren Einheit an. Die Buchstaben der richtigen Antworten ergeben ein Lösungswort.

Aufgabe	Antworten		
A $\frac{3}{4}$ kg = ___ g	S 800	F 750	P 690
B $\frac{2}{5}$ kg = ___ g	R 400	L 350	I 410
C $\frac{7}{8}$ kg = ___ g	A 850	G 950	E 875
D $\frac{7}{10}$ kg = ___ g	U 700	N 750	T 600
E $\frac{3}{4}$ m = ___ cm	Z 55	A 65	N 75
F $\frac{4}{5}$ m = ___ cm	D 80	L 75	K 60
G $\frac{3}{8}$ km = ___ m	S 375	F 250	O 325
H $\frac{3}{5}$ km = ___ m	L 300	N 450	C 600
I $\frac{3}{4}$ h = ___ min	Z 35	H 45	A 25
J $\frac{1}{10}$ h = ___ min	A 6	E 5	G 8
K $\frac{1}{3}$ h = ___ min	G 15	R 23	F 20
L $\frac{1}{12}$ h = ___ min	T 5	E 4	S 3

Lösungswort:

A	B	C	D	E	F	G	H	I	J	K	L

Station E

Rechnen mit Stufenzahlen

Rechne jede Aufgabe im Kopf. Verbinde die Aufgabe mit der zugehörigen Lösung. Aus den Kennbuchstaben der richtigen Antworten ergibt sich ein Lösungswort.

Aufgabe	Lösung	Kennbuchstaben
A 2,63 • 100 =	263	AL
B 100 • 0,0775	7,75	BA
C 10 000 • 0,036 =	360	TR
D 0,046 • 100 000 =	4 600	OS

Lösungswort:

A	B	C	D
A L	B A	T R	O S

Aufgabe	Lösung	Kennbuchstaben
E 10,7 : 100 =	0,107	HA
F 0,16 : 10 000 =	0,000016	IF
G 157,8 : 1 000 =	0,1578	IS
H 1,2 : 100 000 =	0,000012	CH

Lösungswort:

E	F	G	H
H A	I F	I S	C H

Station E

Bruchteile von Größen

Gib den Bruchteil in der kleineren Einheit an. Die Buchstaben der richtigen Antworten ergeben ein Lösungswort.

	Aufgabe	Buchstabe	Lösung
A	$\frac{3}{4}$ kg = 750 g	F	750
B	$\frac{2}{5}$ kg = 400 g	R	400
C	$\frac{7}{8}$ kg = 875 g	E	875
D	$\frac{7}{10}$ kg = 700 g	U	700
E	$\frac{3}{4}$ m = 75 cm	N	75
F	$\frac{4}{5}$ m = 80 cm	D	80
G	$\frac{3}{8}$ km = 375 m	S	375
H	$\frac{3}{5}$ km = 600 m	C	600
I	$\frac{3}{4}$ h = 45 min	H	45
J	$\frac{1}{10}$ h = 6 min	A	6
K	$\frac{1}{3}$ h = 20 min	F	20
L	$\frac{1}{12}$ h = 5 min	T	5

	A	B	C	D	E	F	G	H	I	J	K	L
Lösungswort:	F	R	E	U	N	D	S	C	H	A	F	T

Kohls Stationenlernen Mathematik / 6. Schuljahr - Bestell-Nr. 11 592

Station E

Kreis und Kreisteile

Zeichne die Figuren mit doppelt so vielen Karolängen nach.

A

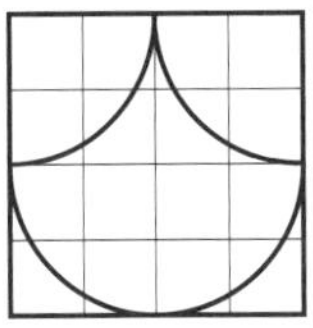

B

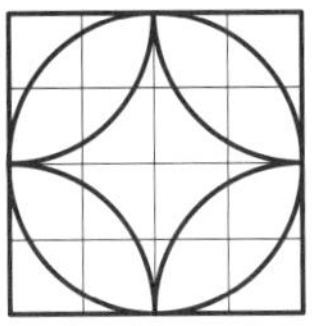

C

Station P

Kreis und Kreisteile

Zeichnet die Figuren mit doppelt so vielen Karolängen nach.

A

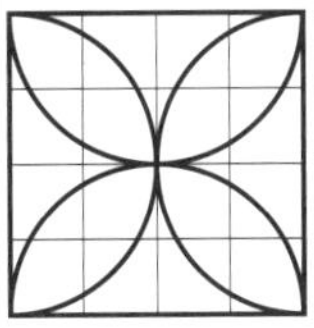

B

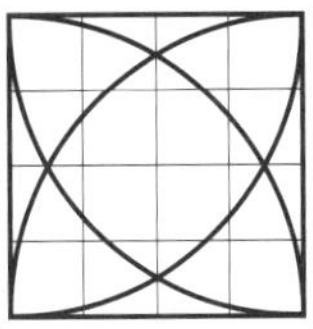

C

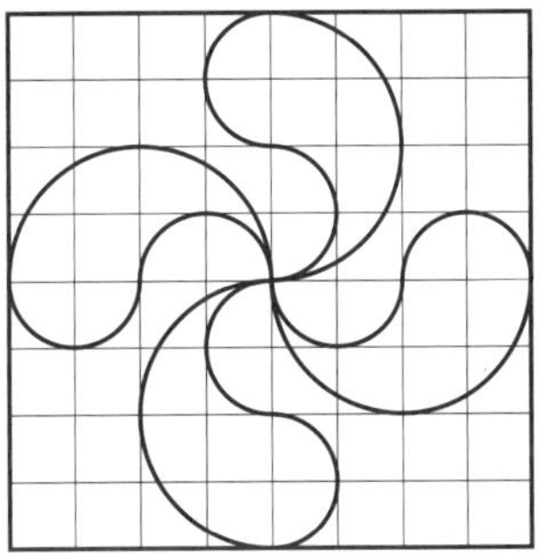

Station E

Kreis und Kreisteile

!

Zeichne die Figuren mit doppelt so vielen Karolängen nach.

A

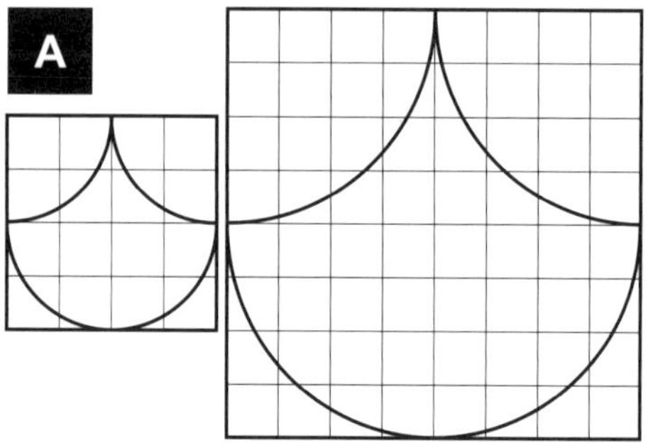

B

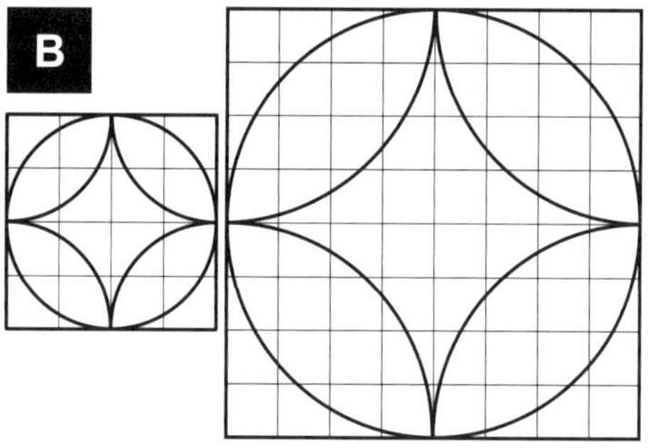

C

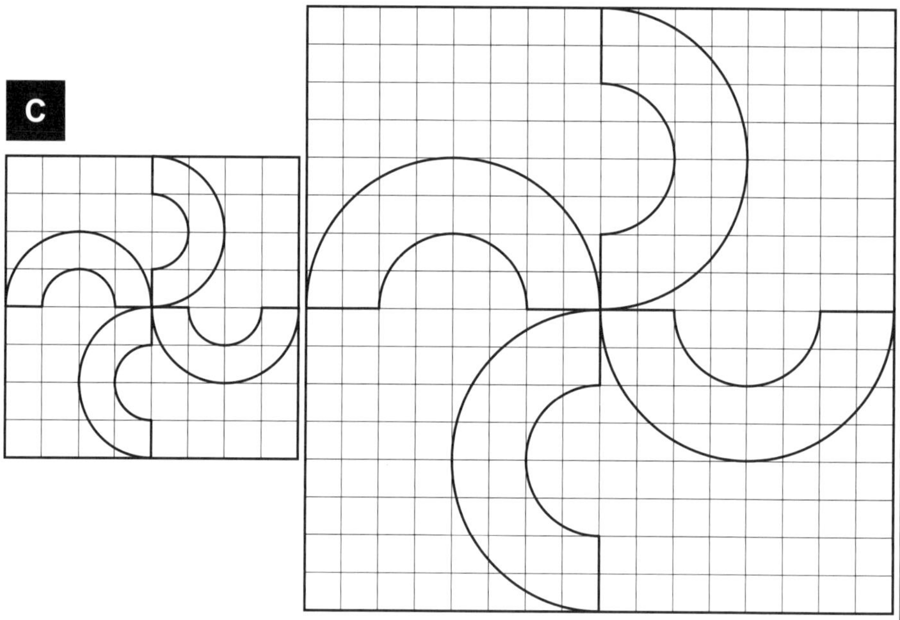

Station P

Kreis und Kreisteile

★

Zeichnet die Figuren mit doppelt so vielen Karolängen nach.

A

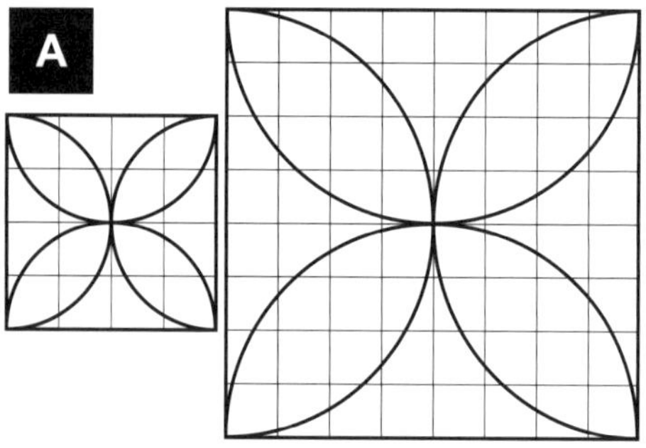

B

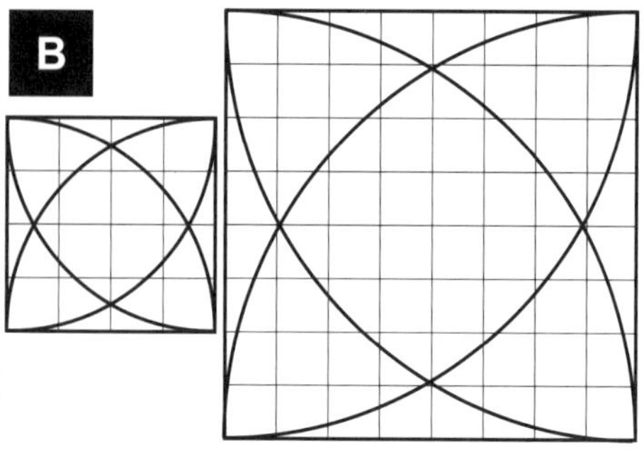

C

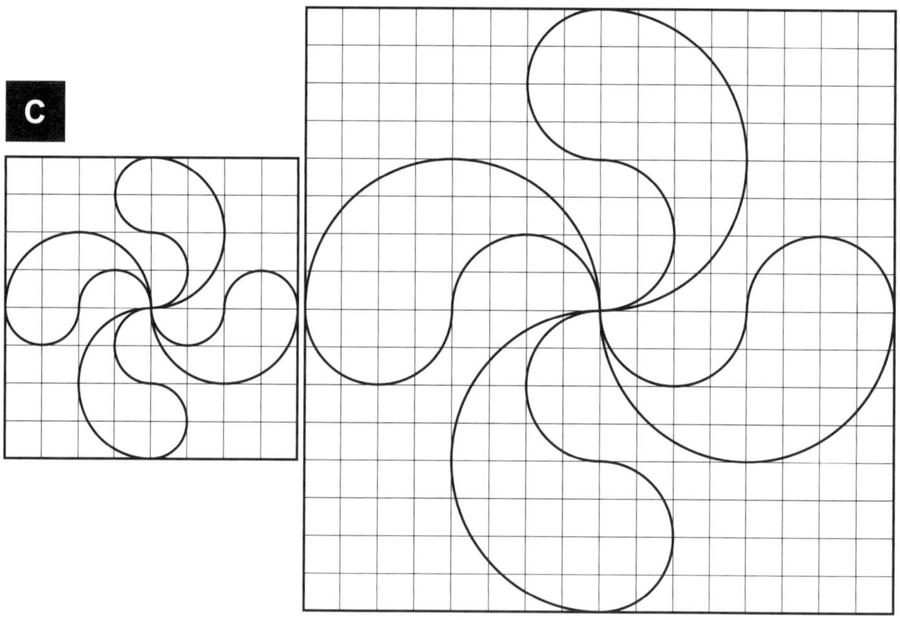

Station P

Stellenwerttafel für Dezimalbrüche

A

Schreibt die Zahlen aus der Stellenwerttafel als Dezimalbruch und dann als Bruch.

100	10	1	$\frac{1}{10}$	$\frac{1}{100}$	$\frac{1}{1000}$
	1	3	7		
		2	3	5	
		1	0	9	8
			7	1	
		6	4		
				2	3
					5
5	3	7	0	8	

B

Tragt in die Stellenwerttafel ein und schreibt als Dezimalbruch.

	100	10	1	$\frac{1}{10}$	$\frac{1}{100}$	$\frac{1}{1000}$
$\frac{9}{100}$						
$\frac{605}{100}$						
$\frac{74}{10}$						
$\frac{427}{10}$						
$\frac{875}{1000}$						
$\frac{32}{1000}$						
$\frac{2192}{10}$						
$\frac{28125}{1000}$						

Station E

Drehsymmetrische Figuren

Prüfe, ob du die Figuren durch eine Drehung mit sich selbst zur Deckung bringen kannst. Gib dann den entsprechenden kleinsten Drehwinkel an. Gegebenenfalls musst du die Figuren auf Transparentpapier nachzeichnen und ausschneiden.

A

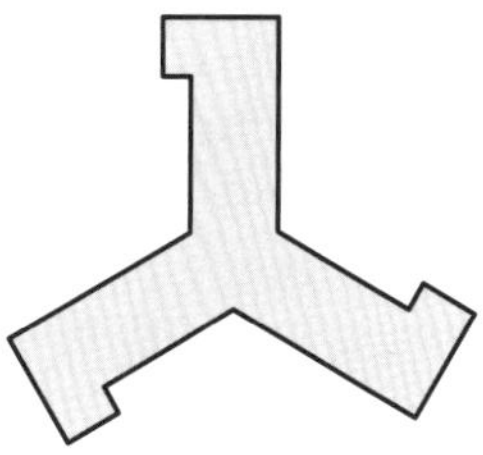

Drehwinkel:

B

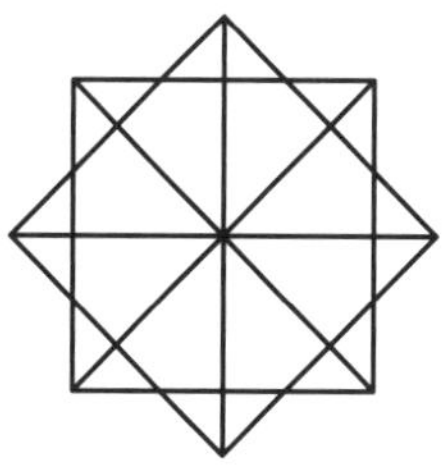

Drehwinkel:

C

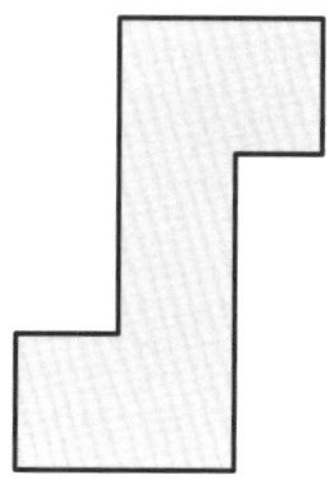

Drehwinkel:

D

Drehwinkel:

E

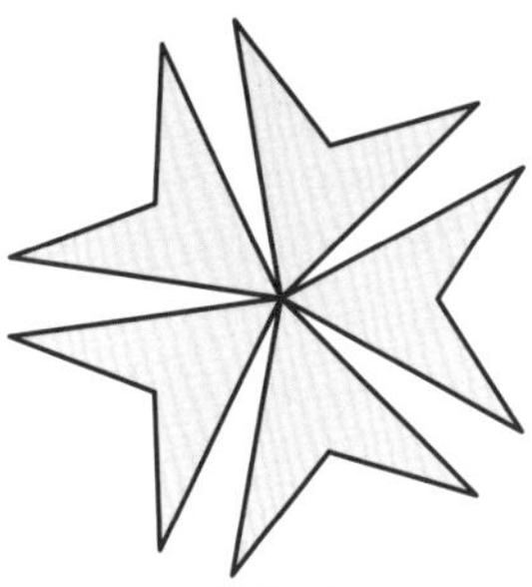

Drehwinkel:

F

Drehwinkel:

Station P

Stellenwerttafel für Dezimalbrüche

A

Schreibt die Zahlen aus der Stellenwerttafel als Dezimalbruch und dann als Bruch.

100	10	1	$\frac{1}{10}$	$\frac{1}{100}$	$\frac{1}{1000}$	Dezimalbruch	Bruch
	1	3	7			13,7	$\frac{137}{10}$
		2	3	5		2,35	$\frac{235}{100}$
		1	0	9	8	1,098	$\frac{1098}{1000}$
			7	1		0,71	$\frac{71}{100}$
		6	4			6,4	$\frac{64}{10}$
				2	3	0,023	$\frac{23}{1000}$
					5	0,005	$\frac{5}{1000}$
5	3	7	0	8		537,08	$\frac{53708}{100}$

B

Tragt in die Stellenwerttafel ein und schreibt als Dezimalbruch.

Bruch	100	10	1	$\frac{1}{10}$	$\frac{1}{100}$	$\frac{1}{1000}$	Dezimalbruch
$\frac{9}{100}$					9		0,09
$\frac{605}{100}$			6	0	5		6,05
$\frac{74}{10}$			7	4			7,4
$\frac{427}{10}$		4	2	7			42,7
$\frac{875}{1000}$				8	7	5	0,875
$\frac{32}{1000}$					3	2	0,032
$\frac{2192}{10}$	2	1	9	2			219,2
$\frac{28125}{1000}$		2	8	1	2	5	28,125

Station E

Drehsymmetrische Figuren

Prüfe, ob du die Figuren durch eine Drehung mit sich selbst zur Deckung bringen kannst. Gib dann den entsprechenden kleinsten Drehwinkel an. Gegebenenfalls musst du die Figuren auf Transparentpapier nachzeichnen und ausschneiden.

A

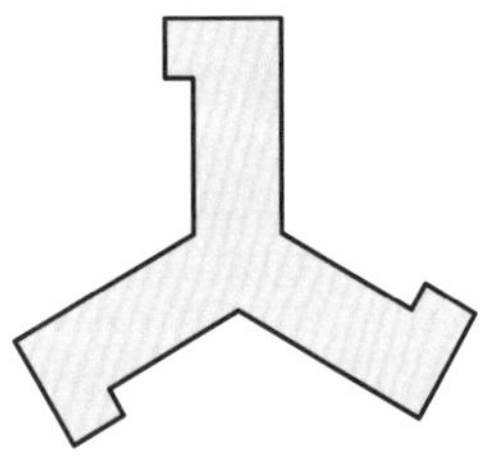

Drehwinkel: 120°

B

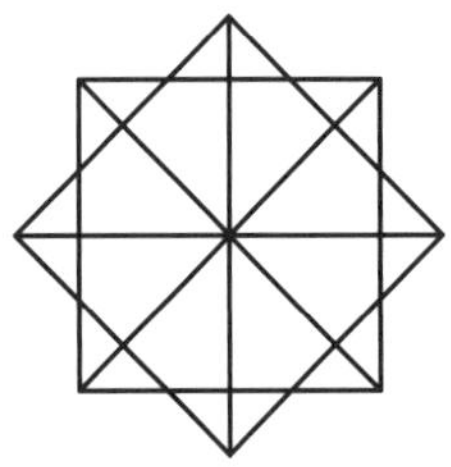

Drehwinkel: 45°

C

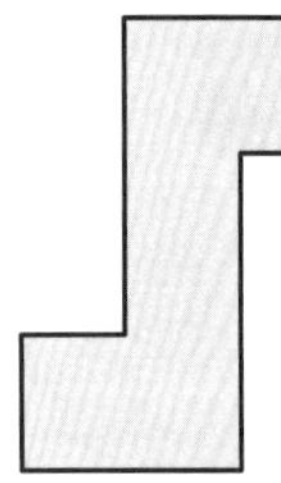

Drehwinkel: 180°

D

Drehwinkel: 45°

E

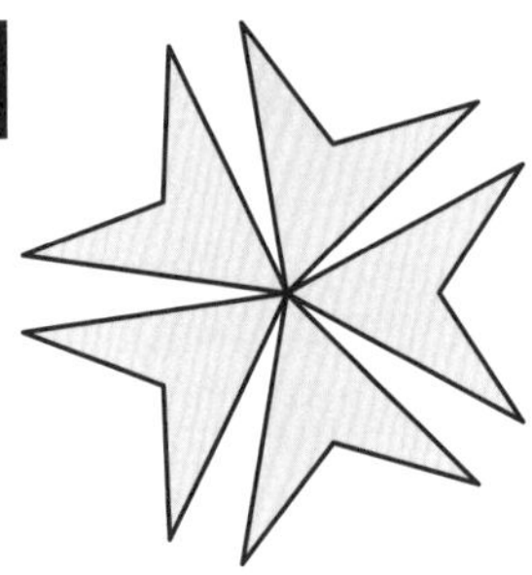

Drehwinkel: 72°

F

Drehwinkel: 60°

Station E

Zusammengesetzte Flächen

Berechne jeweils den Flächeninhalt der zusammengesetzten Flächen. Die Buchstaben der richtigen Antworten ergeben ein Lösungswort.

A

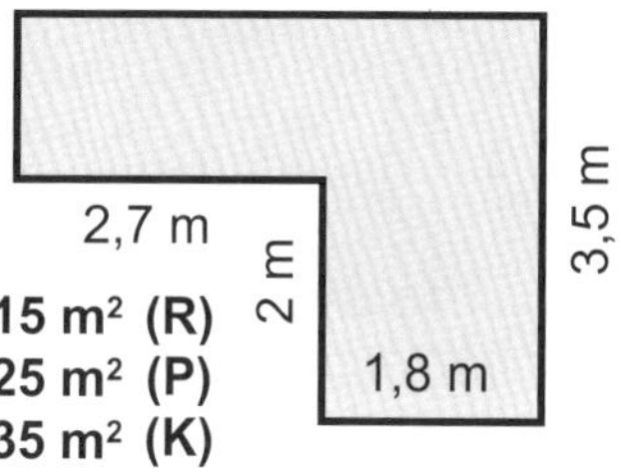

10,15 m² (R)
10,25 m² (P)
10,35 m² (K)

B

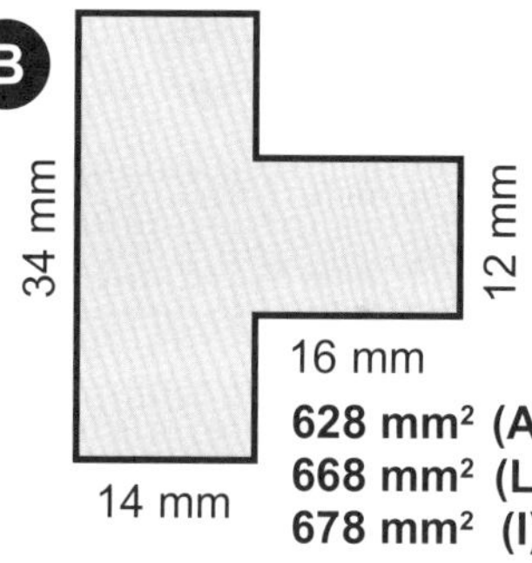

628 mm² (A)
668 mm² (L)
678 mm² (I)

C

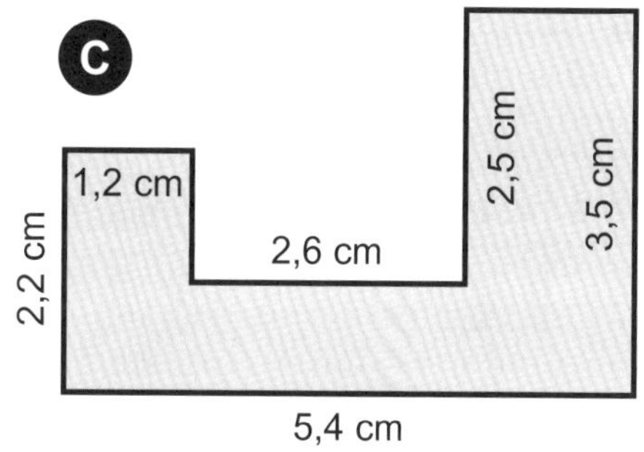

10,84 cm² (I)
11,84 cm² (R)
11,44 cm² (E)

D

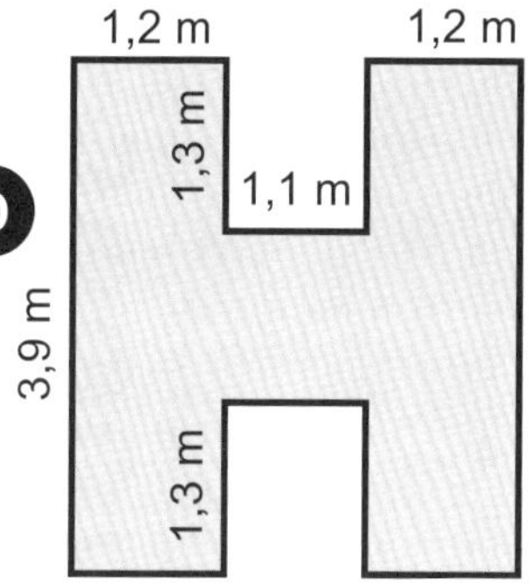

11,56 m² (Ä)
10,79 m² (N)
9,48 m² (L)

E

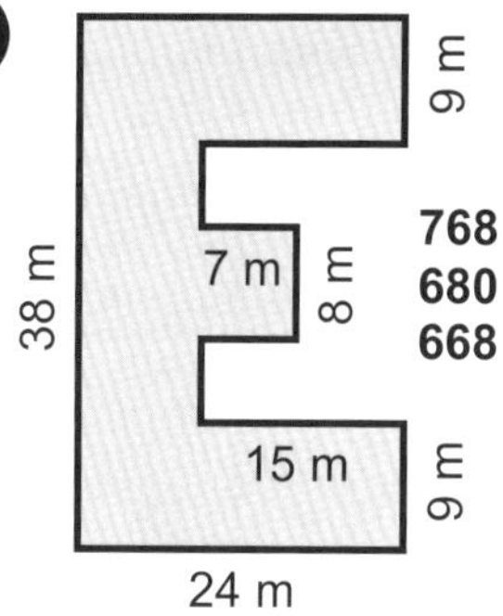

768 m² (L)
680 m² (U)
668 m² (K)

F

10,62 cm² (S)
11,62 cm² (E)
11,82 cm² (A)

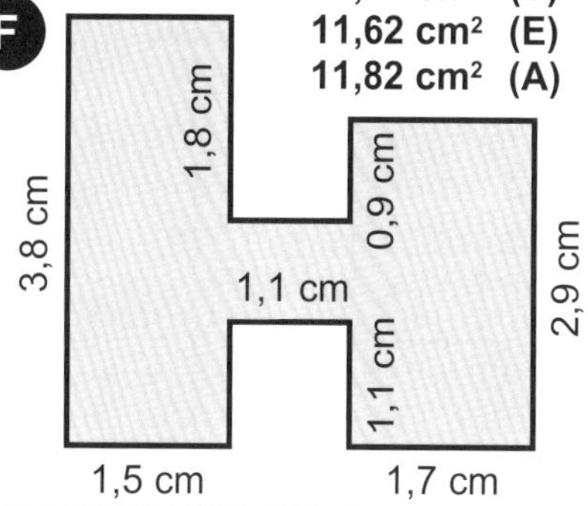

Lösungswort:

A	
B	
C	
D	
E	
F	

Station E

Rechnen mit Flächeneinheiten

Löse die Aufgaben. Die Kennbuchstaben bei den richtigen Lösungen ergeben ein Lösungswort.

A Ein Platz ist 65 m lang und 90 m breit. Gib seine Fläche in m² an.

(G) 5750 m² (S) 5850 m² (B) 5950 m²

B Bauer Q. Dung hat eine 42 m lange und 37 m breite Wiese, auf der seine Schafe grasen. Wie groß ist die Fläche in a?

(A) 15,34 a (R) 15,44 a (C) 15,54 a

C Auf einem Schulhof wird ein 12 m langer und 2,50 m breiter Weg angelegt. Wie viele Pflastersteine 10 cm x 10 cm werden dafür benötigt?

(H) 3000 (L) 3200 (I) 3400

D Ein Zimmer von 4,50 m Länge und 3 m Breite wird mit Teppichboden ausgelegt. Ein Quadratmeter kostet 45,80 €. Welche Kosten entstehen?

(S) 618,50 € (P) 617,50 € (A) 618,30 €

E In einem Hotel werden die 19 Zimmer von je 16 m² mit Teppichboden belegt. Ein Quadratmeter kostet 43 €.

(C) 13072 € (A) 13172 € (P) 13178 €

F Ein Schwimmbecken ist 50 m lang und 22,50 m breit. Um dieses Becken wird ein 2 m breiter Weg gefliest. Die Fliesen sind 60 cm lang und 25 cm breit. Eine Fliese kostet 2,30 €. Wie hoch sind die Kosten?

(M) 4592 €
(H) 4692 €
(E) 4792 €

Lösungswort:

A	
B	
C	
D	
E	
F	

Station E

Zusammengesetzte Flächen

Berechne jeweils den Flächeninhalt der zusammengesetzten Flächen. Die Buchstaben der richtigen Antworten ergeben ein Lösungswort.

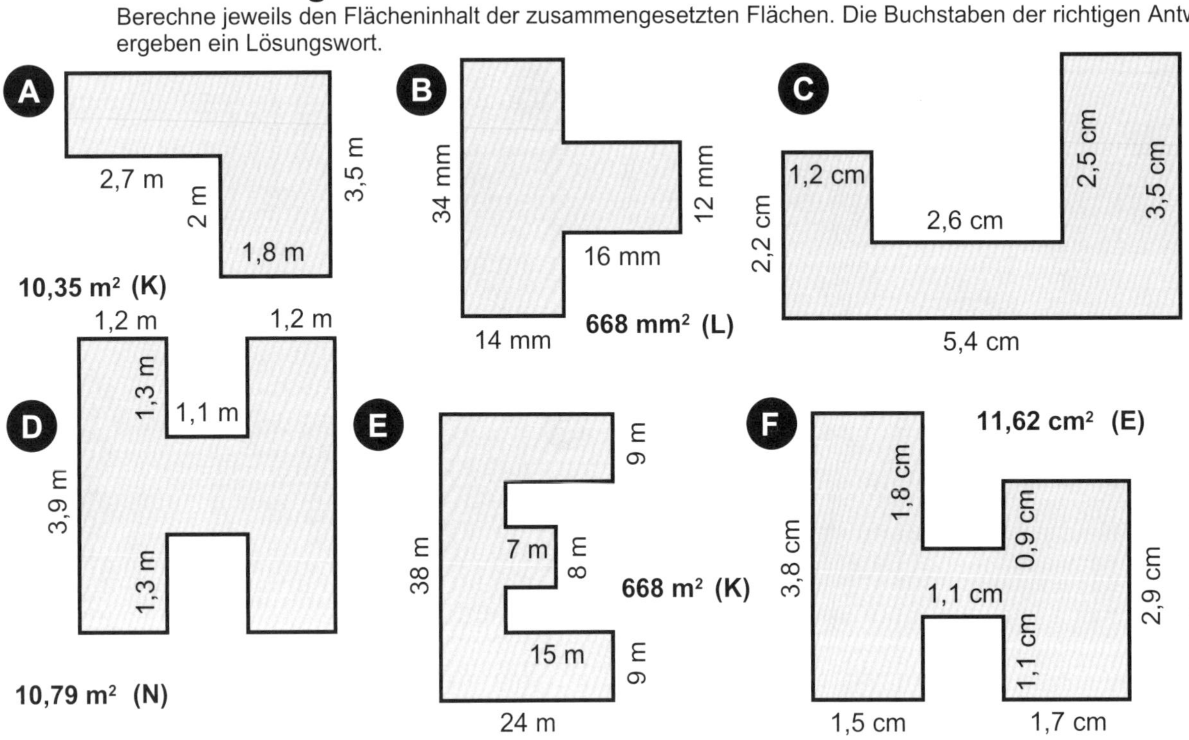

Lösungswort:

A	K
B	L
C	I
D	N
E	K
F	E

Station E

Rechnen mit Flächeneinheiten

Löse die Aufgaben. Die Kennbuchstaben bei den richtigen Lösungen ergeben ein Lösungswort.

A Ein Platz ist 65 m lang und 90 m breit. Gib seine Fläche in m² an.

(S) 5850 m²

B Bauer Q. Dung hat eine 42 m lange und 37 m breite Wiese, auf der seine Schafe grasen. Wie groß ist die Fläche in a?

(C) 15,54 a

C Auf einem Schulhof wird ein 12 m langer und 2,50 m breiter Weg angelegt. Wie viele Pflastersteine 10 cm x 10 cm werden dafür benötigt?

(H) 3000

D Ein Zimmer von 4,50 m Länge und 3 m Breite wird mit Teppichboden ausgelegt. Ein Quadratmeter kostet 45,80 €. Welche Kosten entstehen?

(A) 618,30 €

E In einem Hotel werden die 19 Zimmer von je 16 m² mit Teppichboden belegt. Ein Quadratmeter kostet 43 €.

(C) 13072 €

F Ein Schwimmbecken ist 50 m lang und 22,50 m breit. Um dieses Becken wird ein 2 m breiter Weg gefliest. Die Fliesen sind 60 cm lang und 25 cm breit. Eine Fliese kostet 2,30 €. Wie hoch sind die Kosten?

(H) 4692 €

Lösungswort:

A	S
B	C
C	H
D	A
E	C
F	H

Station E

Abbrechende und periodische Dezimalbrüche

Rechne in einen Dezimalbruch um. Gib an, ob es sich um einen abbrechenden oder periodischen Dezimalbruch handelt.

A $\frac{1}{4}$ 1 : 4 =

B $\frac{1}{7}$ 1 : 7 =

C $\frac{2}{5}$ 2 : 5 =

D $\frac{1}{9}$ 1 : 9 =

E $\frac{1}{2}$ 1 : 2 =

F $\frac{1}{11}$ 1 : 11 =

G $\frac{1}{6}$ 1 : 6 =

H $\frac{2}{3}$ 2 : 3 =

Station E

Periodische Dezimalbrüche

Ordne den dargestellten Brüche den richtigen periodischen Dezimalbruch zu und verbinde die Aufgaben mit den zugehörigen Lösungen. Aus den Buchstaben, die auf den Verbindungslinien liegen, ergibt sich ein Lösungswort.

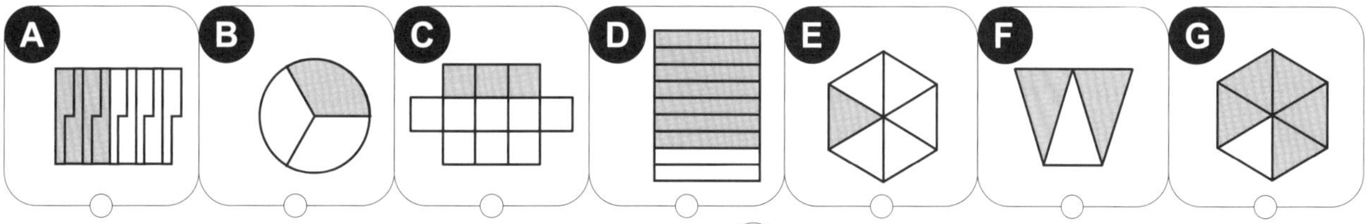

N A L T I Z A V I
S K B M P N L
O R O N B

$0,\overline{3}$ $0,\overline{4}$ $0,1\overline{6}$ $0,\overline{7}$ $0,\overline{27}$ $0,8\overline{3}$ $0,\overline{6}$

Lösungswort:

A	B	C	D	E	F	G

E

Station

Abbrechende und periodische Dezimalbrüche

Rechne in einen Dezimalbruch um. Gib an, ob es sich um einen abbrechenden oder periodischen Dezimalbruch handelt.

A $\frac{1}{4}$

1 : 4 = 0,25
0
10
8
20
20
0

abbrechend

B $\frac{1}{7}$

1 : 7 = 0,$\overline{142857}$
0
10
7
30
28
20
14
60
56
40
35
50
49
10

periodisch

C $\frac{2}{5}$

2 : 5 = 0,4
0
20
20
0

abbrechend

D $\frac{1}{9}$

1 : 9 = 0,$\overline{1}$
0
10
9
10

periodisch

E $\frac{1}{2}$

1 : 2 = 0,5
0
10
10
0

abbrechend

F $\frac{1}{11}$

1 : 11 = 0,$\overline{09}$
0
10
0
100
99
10
0
100

periodisch

G $\frac{1}{6}$

1 : 6 = 0,1$\overline{6}$
0
10
6
40
36
40

periodisch

H $\frac{2}{3}$

2 : 3 = 0,$\overline{6}$
0
20
18
20

periodisch

E

Station

Periodische Dezimalbrüche

Ordne den dargestellten Brüche den richtigen periodischen Dezimalbruch zu und verbinde die Aufgaben mit den zugehörigen Lösungen. Aus den Buchstaben, die auf den Verbindungslinien liegen, ergibt sich ein Lösungswort.

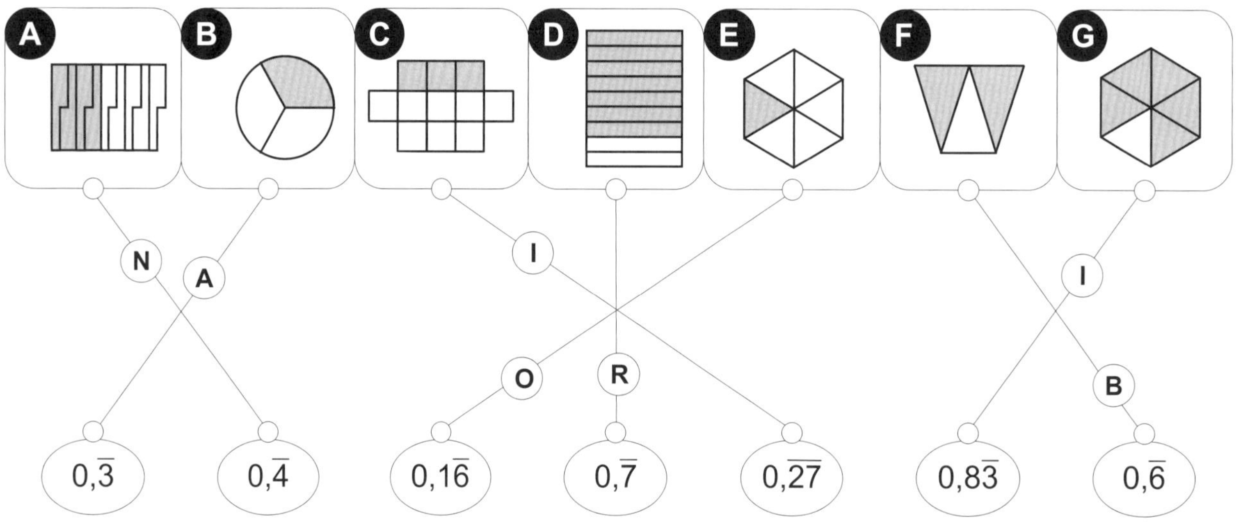

Lösungswort:

A	B	C	D	E	F	G
N	A	I	R	O	B	I

Kohls Stationenlernen Mathematik / 6. Schuljahr • Bestell-Nr. 11 592

Station E

!

Sachaufgaben

Löse die Aufgaben. Die Kennbuchstaben bei den richtigen Lösungen ergeben ein Lösungswort.

A Drei Kinder teilen sich $2\frac{1}{2}$ Pizza. Welchen Anteil erhält jedes Kind?

(B) $\frac{3}{4}$ Pizza (K) $\frac{4}{5}$ Pizza (P) $\frac{5}{6}$ Pizza

B Ein Satellit braucht für eine Erdumkreisung $1\frac{1}{3}$ Stunde. Wie oft umkreist er die Erde in 24 Stunden?

(A) 15-mal (R) 16-mal (F) 18-mal

C Bei einer Wanderung werden in einer Stunde durchschnittlich $3\frac{1}{2}$ km zurückgelegt. Welche Zeit wird für eine Strecke von 7875 m benötigt?

(E) $2\frac{1}{4}$ h (A) $2\frac{1}{2}$ h (V) $1\frac{3}{4}$ h

D Bauer Q. Fladen besitzt 36 ha Land, das zu $\frac{2}{3}$ aus Ackerland und $\frac{5}{16}$ aus Weide besteht. Der Rest ist Brachland. Wie viele ha sind das?

(U) 0,5 ha (I) 0,75 ha (A) 1,25 ha

E Ein Spielfeld wird mit 25 Schritten gemessen. Eine Schrittlänge beträgt $\frac{3}{4}$ m. Wie lang ist das Spielfeld?

(F) 18,75 m (A) 18,5 m (C) 18,25 m

F Für Fitmeyers Bollentrinasaft braucht man 8 kg Orangen, um 5 Liter Saft herzustellen. Wie viel kg Orangen braucht man, um $7\frac{1}{2}$ Liter Saft zu pressen?

(H) 10 kg (E) 12 kg (R) 16 kg

Lösungswort:

A	
B	
C	
D	
E	
F	

Kohls Stationenlernen Mathematik / 6. Schuljahr • Bestell-Nr. 11 592

Station E

!

Sachaufgaben

Löse die Aufgaben. Die Kennbuchstaben bei den richtigen Lösungen ergeben ein Lösungswort.

A $\frac{3}{5}$ einer Wanderstrecke von 15 km sind zurückgelegt. Wie viele km sind das?

(K) 8 km (V) 9 km (R) 10 km

B $\frac{21}{25}$ einer Rohrleitung sind verlegt. Das sind 63 km. Wie viele km müssen noch gelegt werden?

(O) 12 km (A) 14 km (E) 15 km

C Frau Shopping-Bag zahlte für $1\frac{1}{4}$ kg Schweinefilet 9 €. Wie viel muss Herr Müller für 650 g Filet bezahlen?

(N) 4,58 € (R) 4,68 € (V) 4,78 €

D Bei einer Verkehrskontrolle hatten sich $\frac{9}{120}$ der Fahrer nicht angeschnallt. Das waren 72 Fahrer. Wie viele Autos wurden kontrolliert?

(S) 940 Autos (I) 950 Autos (R) 960 Autos

E In der Klasse 6 b sind 18 Mädchen und 12 Jungen. $\frac{1}{6}$ dieser Kinder mag das Fach Mathematik nicht.

(L) 6 Kinder (E) 8 Kinder (A) 5 Kinder

F Eine vierköpfige Familie hat ein Einkommen von 3600 €. $\frac{1}{5}$ des Geldes wird für die Miete ausgegeben, $\frac{1}{3}$ für Lebensmittel, $\frac{1}{8}$ für das Auto, $\frac{1}{4}$ für Kleidung. Wie viel Geld bleibt der Familie noch für sonstige Ausgaben?

(T) 330 € (S) 360 € (W) 320 €

Lösungswort:

A	
B	
C	
D	
E	
F	

Station E

Sachaufgaben

!

Löse die Aufgaben. Die Kennbuchstaben bei den richtigen Lösungen ergeben ein Lösungswort.

A Drei Kinder teilen sich $2\frac{1}{2}$ Pizza. Welchen Anteil erhält jedes Kind?

(P) $\frac{5}{6}$ Pizza

B Ein Satellit braucht für eine Erdumkreisung $1\frac{1}{3}$ Stunde. Wie oft umkreist er die Erde in 24 Stunden?

(F) 18-mal

C Bei einer Wanderung werden in einer Stunde durchschnittlich $3\frac{1}{2}$ km zurückgelegt. Welche Zeit wird für eine Strecke von 7875 m benötigt?

(E) $2\frac{1}{4}$ h

D Bauer Q. Fladen besitzt 36 ha Land, das zu $\frac{2}{3}$ aus Ackerland und $\frac{5}{16}$ aus Weide besteht. Der Rest ist Brachland. Wie viele ha sind das?

(I) 0,75 ha

E Ein Spielfeld wird mit 25 Schritten gemessen. Eine Schrittlänge beträgt $\frac{3}{4}$ m. Wie lang ist das Spielfeld?

(F) 18,75 m

F Für Fitmeyers Bollentrinasaft braucht man 8 kg Orangen, um 5 Liter Saft herzustellen. Wie viel kg Orangen braucht man, um $7\frac{1}{2}$ Liter Saft zu pressen?

(E) 12 kg

Lösungswort:

A	P
B	F
C	E
D	I
E	F
F	E

Station E

Sachaufgaben

!

Löse die Aufgaben. Die Kennbuchstaben bei den richtigen Lösungen ergeben ein Lösungswort.

A $\frac{3}{5}$ einer Wanderstrecke von 15 km sind zurückgelegt. Wie viele km sind das?

(V) 9 km

B $\frac{21}{25}$ einer Rohrleitung sind verlegt. Das sind 63 km. Wie viele km müssen noch gelegt werden?

(O) 12 km

C Frau Shopping-Bag zahlte für $1\frac{1}{4}$ kg Schweinefilet 9 €. Wie viel muss Herr Müller für 650 g Filet bezahlen?

(R) 4,68 €

D Bei einer Verkehrskontrolle hatten sich $\frac{9}{120}$ der Fahrer nicht angeschnallt. Das waren 72 Fahrer. Wie viele Autos wurden kontrolliert?

(R) 960 Autos

E In der Klasse 6 b sind 18 Mädchen und 12 Jungen. $\frac{1}{6}$ dieser Kinder mag das Fach Mathematik nicht.

(A) 5 Kinder

F Eine vierköpfige Familie hat ein Einkommen von 3600 €. $\frac{1}{5}$ des Geldes wird für die Miete ausgegeben, $\frac{1}{3}$ für Lebensmittel, $\frac{1}{8}$ für das Auto, $\frac{1}{4}$ für Kleidung. Wie viel Geld bleibt der Familie noch für sonstige Ausgaben?

(T) 330 €

Lösungswort:

A	V
B	O
C	R
D	R
E	A
F	T

Station

P

Bruchrechnung gemischt

Löst die Aufgaben. Die Kennbuchstaben bei den richtigen Lösungen ergeben ein Lösungswort.

A $54\frac{5}{6} - 8\frac{1}{2} - 6\frac{3}{4} - 5\frac{5}{12} - 12\frac{2}{3} =$

P $19\frac{1}{2}$ M $20\frac{1}{2}$ E $21\frac{1}{2}$

B $4\frac{1}{3} + 2\frac{3}{4} + 1\frac{1}{2} + 3\frac{5}{6} =$

U $12\frac{5}{12}$ A $12\frac{1}{12}$ E $12\frac{7}{12}$

C $9\frac{1}{2} - (1\frac{1}{4} + 3\frac{2}{3}) =$

P $4\frac{5}{12}$ R $4\frac{7}{12}$ N $4\frac{11}{12}$

D $18 \cdot 1\frac{1}{4} - 1\frac{5}{6} \cdot 12 =$

P $1\frac{1}{2}$ O $\frac{1}{2}$ S $\frac{1}{3}$

E $22 : (8 - 3\frac{3}{4} \cdot \frac{2}{3}) =$

E 2 C 3 P 4

F $(8\frac{1}{4} + 3\frac{2}{5} - 1\frac{1}{2}) : 3\frac{5}{8} =$

A $2\frac{4}{5}$ N $2\frac{1}{2}$ H $2\frac{3}{4}$

G $(3\frac{2}{3} + 1\frac{4}{5}) \cdot (4\frac{1}{3} - 2\frac{1}{4}) =$

H $11\frac{3}{18}$ R $11\frac{7}{18}$ E $11\frac{5}{18}$

H $(16\frac{2}{5} : 2\frac{11}{15}) \cdot (18\frac{3}{4} : 3\frac{1}{8}) =$

E 36 N 38 T 39

I $11\frac{1}{4} - 6\frac{1}{2} + 3\frac{2}{3} - 1\frac{7}{12} =$

I $6\frac{1}{6}$ A $7\frac{5}{6}$ K $6\frac{5}{6}$

J $8\frac{5}{6} - (5\frac{3}{4} - 2\frac{1}{2}) =$

O $5\frac{7}{12}$ M $5\frac{11}{12}$ F $5\frac{5}{12}$

K $3\frac{1}{4} \cdot 8 - 2\frac{2}{3} \cdot 6 =$

E 8 R 10 F 12

L $(16\frac{3}{4} - 6\frac{2}{3}) + (29\frac{1}{2} + 17\frac{5}{6}) =$

R $57\frac{7}{12}$ E $57\frac{11}{12}$ D $57\frac{5}{12}$

Lösungswort:

A B C D E F G H I J K L

Station

P

Bruchrechnung gemischt

Löst die Aufgaben. Die Kennbuchstaben bei den richtigen Lösungen ergeben ein Lösungswort.

A $3\frac{7}{20} + 2\frac{2}{5} + 4\frac{3}{4} + 1\frac{9}{10} =$

R $12\frac{1}{5}$ I $12\frac{2}{5}$ M $12\frac{3}{5}$

B $2\frac{5}{8} - 1\frac{2}{3} + 3\frac{2}{3} - 1\frac{7}{12} =$

H $2\frac{11}{24}$ N $3\frac{1}{24}$ E $2\frac{19}{24}$

C $7\frac{3}{8} - (1\frac{3}{4} + 3\frac{1}{2}) =$

E $2\frac{5}{8}$ S $2\frac{3}{8}$ F $2\frac{1}{8}$

D $2\frac{5}{8} \cdot 12 - 1\frac{3}{5} \cdot 15 =$

O $7\frac{1}{2}$ S $7\frac{1}{8}$ B $7\frac{1}{4}$

E $15 : (9 - 2\frac{5}{8} \cdot \frac{4}{7}) =$

U 1 I 3 R 2

F $\frac{4}{9} \cdot \frac{5}{6} \cdot \frac{3}{5} \cdot \frac{3}{8} =$

S $\frac{5}{18}$ M $\frac{1}{12}$ N $\frac{5}{12}$

G $\frac{4}{5} \cdot (\frac{3}{4} + 4 \cdot \frac{5}{8}) =$

A $2\frac{3}{5}$ F $3\frac{3}{5}$ G $3\frac{1}{5}$

H $48\frac{1}{2} - 5\frac{2}{3} - 9\frac{3}{4} - 7\frac{11}{12} - 11\frac{5}{6} =$

A $11\frac{1}{3}$ D $12\frac{1}{3}$ T $13\frac{1}{3}$

I $(16\frac{2}{5} : 2\frac{12}{35}) \cdot (18\frac{3}{4} : 2\frac{19}{28}) =$

K 48 I 49 R 50

J $(5\frac{2}{3} + 2\frac{1}{4}) \cdot (4\frac{4}{5} - 1\frac{1}{3}) =$

T $27\frac{1}{9}$ A $27\frac{2}{9}$ K $27\frac{4}{9}$

K $2\frac{11}{12} : \frac{7}{12} + 2\frac{3}{8} : \frac{3}{8} =$

E $11\frac{1}{3}$ O $12\frac{1}{3}$ H $12\frac{2}{3}$

L $(6\frac{2}{5} + 9\frac{1}{3}) \cdot 4 - (6\frac{1}{2} - 2\frac{3}{4}) \cdot \frac{4}{5} =$

G $59\frac{11}{15}$ R $59\frac{14}{15}$ T $60\frac{13}{15}$

Lösungswort:

A B C D E F G H I J K L

Station

Bruchrechnung gemischt

Löst die Aufgaben. Die Kennbuchstaben bei den richtigen Lösungen ergeben ein Lösungswort.

A $54\frac{5}{6} - 8\frac{1}{2} - 6\frac{3}{4} - 5\frac{5}{12} - 12\frac{2}{3} = 21\frac{1}{2}$

(E) $21\frac{1}{2}$

B $4\frac{1}{3} + 2\frac{3}{4} + 1\frac{1}{2} + 3\frac{5}{6} = 12\frac{5}{12}$

(U) $12\frac{5}{12}$

C $9\frac{1}{2} - (1\frac{1}{4} + 3\frac{2}{3}) = 4\frac{7}{12}$

(R) $4\frac{7}{12}$

D $18 \cdot 1\frac{1}{4} - 1\frac{5}{6} \cdot 12 = \frac{1}{2}$

(O) $\frac{1}{2}$

E $22 : (8 - 3\frac{3}{4} \cdot \frac{2}{3}) = 4$

(P) 4

F $(8\frac{1}{4} + 3\frac{2}{5} - 1\frac{1}{2}) : 3\frac{5}{8} = 2\frac{4}{5}$

(A) $2\frac{4}{5}$

G $(3\frac{2}{3} + 1\frac{4}{5}) \cdot (4\frac{1}{3} - 2\frac{1}{4}) = 11\frac{7}{18}$

(R) $11\frac{7}{18}$

H $(16\frac{2}{5} : 2\frac{11}{15}) \cdot (18\frac{3}{4} : 3\frac{1}{8}) = 36$

(E) 36

I $11\frac{1}{4} - 6\frac{1}{2} + 3\frac{2}{3} - 1\frac{7}{12} = 6\frac{5}{6}$

(K) $6\frac{5}{6}$

J $8\frac{5}{6} - (5\frac{3}{4} - 2\frac{1}{2}) = 5\frac{7}{12}$

(O) $5\frac{7}{12}$

K $3\frac{1}{4} \cdot 8 - 2\frac{2}{3} \cdot 6 = 10$

(R) 10

L $(16\frac{3}{4} - 6\frac{2}{3}) + (29\frac{1}{2} + 17\frac{5}{6}) = 57\frac{5}{12}$

(D) $57\frac{5}{12}$

Lösungswort:

A	E
B	U
C	R
D	O
E	P
F	A
G	R
H	E
I	K
J	O
K	R
L	D

Station

Bruchrechnung gemischt

Löst die Aufgaben. Die Kennbuchstaben bei den richtigen Lösungen ergeben ein Lösungswort.

A $3\frac{7}{20} + 2\frac{2}{5} + 4\frac{3}{4} + 1\frac{9}{10} = 12\frac{2}{5}$

(I) $12\frac{2}{5}$

B $2\frac{5}{8} - 1\frac{2}{3} + 3\frac{2}{3} - 1\frac{7}{12} = 3\frac{1}{24}$

(N) $3\frac{1}{24}$

C $7\frac{3}{8} - (1\frac{3}{4} + 3\frac{1}{2}) = 2\frac{1}{8}$

(F) $2\frac{1}{8}$

D $2\frac{5}{8} \cdot 12 - 1\frac{3}{5} \cdot 15 = 7\frac{1}{2}$

(O) $7\frac{1}{2}$

E $15 : (9 - 2\frac{5}{8} \cdot \frac{4}{7}) = 2$

(R) 2

F $\frac{4}{9} \cdot \frac{5}{6} \cdot \frac{3}{5} \cdot \frac{3}{8} = \frac{1}{12}$

(M) $\frac{1}{12}$

G $\frac{4}{5} \cdot (\frac{3}{4} + 4 \cdot \frac{5}{8}) = 2\frac{3}{5}$

(A) $2\frac{3}{5}$

H $48\frac{1}{2} - 5\frac{2}{3} - 9\frac{3}{4} - 7\frac{11}{12} - 11\frac{5}{6} = 13\frac{1}{3}$

(T) $13\frac{1}{3}$

I $(16\frac{2}{5} : 2\frac{12}{35}) \cdot (18\frac{3}{4} : 2\frac{19}{28}) = 49$

(I) 49

J $(5\frac{2}{3} + 2\frac{1}{4}) \cdot (4\frac{4}{5} - 1\frac{1}{3}) = 27\frac{4}{9}$

(K) $27\frac{4}{9}$

K $2\frac{11}{12} : \frac{7}{12} + 2\frac{3}{8} : \frac{3}{8} = 11\frac{1}{3}$

(E) $11\frac{1}{3}$

L $(6\frac{2}{5} + 9\frac{1}{3}) \cdot 4 - (6\frac{1}{2} - 2\frac{3}{4}) \cdot \frac{4}{5} = 59\frac{14}{15}$

(R) $59\frac{14}{15}$

Lösungswort:

A	I
B	N
C	F
D	O
E	R
F	M
G	A
H	T
I	I
J	K
K	E
L	R

Station E

Texte und mathematische Sprache

Wie lautet der passende Rechenausdruck zum Text? Schreibe ihn auf und berechne dann den Wert. Aus den Kennbuchstaben der richtigen Antworten ergibt sich ein Lösungswort.

A Berechne das Produkt aus der Summe von 8,5 und 4,4 und der Differenz dieser beiden Zahlen.

51,89 (H) 52,89 (R) 53,89 (W)

B Subtrahiere von 29,8 die Summe von 9,3 und und 0,35.

18,15 (A) 19,15 (U) 20,15 (E)

C Subtrahiere das 2,5-fache der Summe von 12,8 und 7,2 vom Quotienten der Zahlen 15,2 und 0,1.

102 (N) 103 (S) 104 (U)

D Multipliziere die Summe von 3,8 und 4,3 mit 6,5.

51,65 (C) 52,65 (N) 53,65 (K)

E Addiere 4,6 zur Differenz von 17,4 und 3,9.

18,1 (A) 19,1 (L) 20,1 (H)

F Multipliziere die Differenz von 14,9 und 8,45 mit 12,4.

79,98 (U) 78,98 (O) 77,98 (B)

G Addiere zur Differenz von 11,1 und 0,11 das Doppelte von 4,7.

18,39 (Ä) 19,39 (F) 20,39 (T)

H Subtrahiere das Produkt aus 0,75 und 5,2 von 16,8.

12,7 (Z) 12,8 (R) 12,9 (O)

Lösungswort:

A	B	C	D	E	F	G	H

Station E

Sachaufgaben

Löse die Aufgaben. Die Kennbuchstaben bei den richtigen Lösungen ergeben ein Lösungswort.

A Ein Lastwagen darf mit höchstens 3,8 t beladen werden. Wie viele Kisten zu je 95 kg können geladen werden?

(M) 50 Kisten (W) 40 Kisten (B) 45 Kisten

B Auf dem Sterkrader Markt kostet 1 kg Walnüsse 8,90 €. Frau Meier lässt sich 400 g abwiegen. Was bezahlt sie?

(U) 3,56 € (E) 3,54 € (I) 3,58 €

C Für ein 565 m^2 großes Grundstück wurden 62 432,50 € bezahlt. Was kostet ein Quadratmeter?

(R) 110,50 €
(N) 120,50 €
(U) 130,50 €

D Ein Zimmer von 4,50 m Länge und 3 m Breite wird mit Teppichboden ausgelegt. Ein Quadratmeter kostet 45,80 €. Welche Kosten entstehen?

(V) 618,50 € (L) 617,50 € (S) 618,30 €

E Die Tageseinnahmen des Zoos betrugen 10 625 €. Die Eintrittskarte kostet 8,50 €. Wie viele Besucher waren es?

(T) 1250 (K) 1150 (E) 1350

Lösungswort:

A	B	C	D	E

Station E ★

Texte und mathematische Sprache

Wie lautet der passende Rechenausdruck zum Text? Schreibe ihn auf und berechne dann den Wert. Aus den Kennbuchstaben der richtigen Antworten ergibt sich ein Lösungswort.

A Berechne das Produkt aus der Summe von 8,5 und 4,4 und der Differenz dieser beiden Zahlen.

(8,5 + 4,4) • (8,5 – 4,4)

52,89 **R**

B Subtrahiere von 29,8 die Summe von 9,3 und und 0,35.

29,8 – (9,3 + 0,35)

20,15 **E**

C Subtrahiere das 2,5-fache der Summe von 12,8 und 7,2 vom Quotienten der Zahlen 15,2 und 0,1.

15,2 : 0,1 – 2,5 • (12,8 + 7,2)

102 **N**

D Multipliziere die Summe von 3,8 und 4,3 mit 6,5.

(3,8 + 4,3) • 6,5

52,65 **N**

E Addiere 4,6 zur Differenz von 17,4 und 3,9.

(17,4 – 3,9) + 4,6

18,1 **A**

F Multipliziere die Differenz von 14,9 und 8,45 mit 12,4.

(14,9 – 8,45) • 12,4

79,98 **U**

G Addiere zur Differenz von 11,1 und 0,11 das Doppelte von 4,7.

(11,1 – 0,11) + 2 • 4,7

20,39 **T**

H Subtrahiere das Produkt aus 0,75 und 5,2 von 16,8.

16,8 – 0,75 • 5,2

12,9 **O**

Lösungswort:

A	R
B	E
C	N
D	N
E	A
F	U
G	T
H	O

Station E ★

Sachaufgaben

Löse die Aufgaben. Die Kennbuchstaben bei den richtigen Lösungen ergeben ein Lösungswort.

A Ein Lastwagen darf mit höchstens 3,8 t beladen werden. Wie viele Kisten zu je 95 kg können geladen werden?

W 40 Kisten

B Auf dem Sterkrader Markt kostet 1 kg Walnüsse 8,90 €. Frau Meier lässt sich 400 g abwiegen. Was bezahlt sie?

U 3,56 €

C Für ein 565 m^2 großes Grundstück wurden 62 432,50 € bezahlt. Was kostet ein Quadratmeter?

R 110,50 €

D Ein Zimmer von 4,50 m Länge und 3 m Breite wird mit Teppichboden ausgelegt. Ein Quadratmeter kostet 45,80 €. Welche kosten entstehen?

S 618,30 €

E Die Tageseinnahmen des Zoos betrugen 10 625 €. Die Eintrittskarte kostet 8,50 €. Wie viele Besucher waren es?

T 1250

Lösungswort:

A	B	C	D	E
W	U	R	S	T

Kohls Stationenlernen Mathematik / 6. Schuljahr – Bestell-Nr. 11 593

Station

E

Schrägbilder von Prismen

Vervollständige die Schrägbilder. Schattiere die einzelnen Flächen unterschiedlich stark.

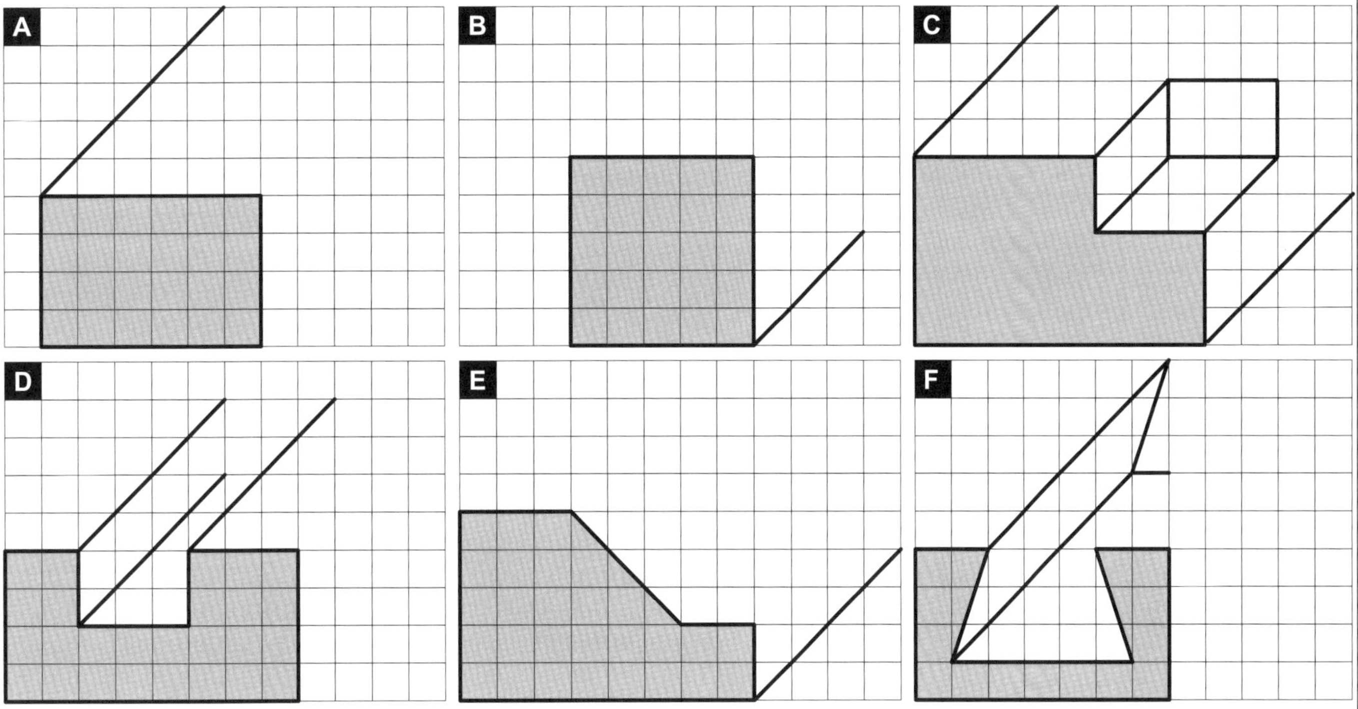

Station

E

Ganze Zahlen

Welche Zahlen sind markiert? Trage entsprechend ein.

A

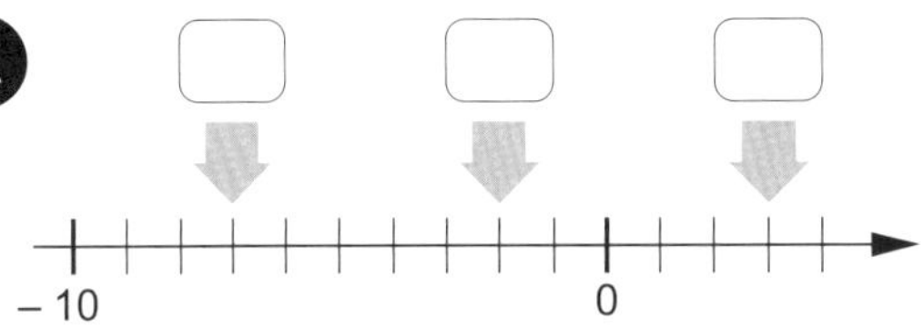

B

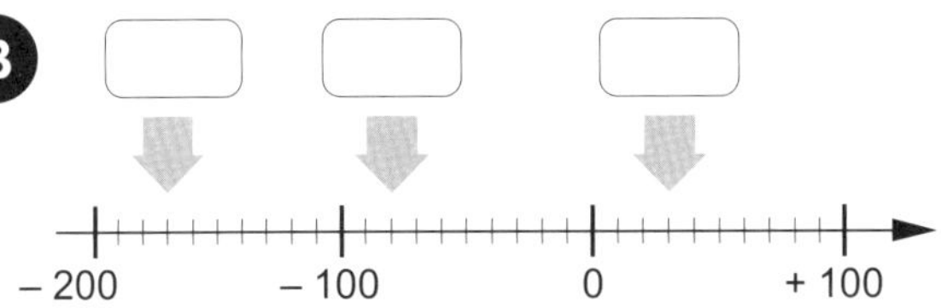

C

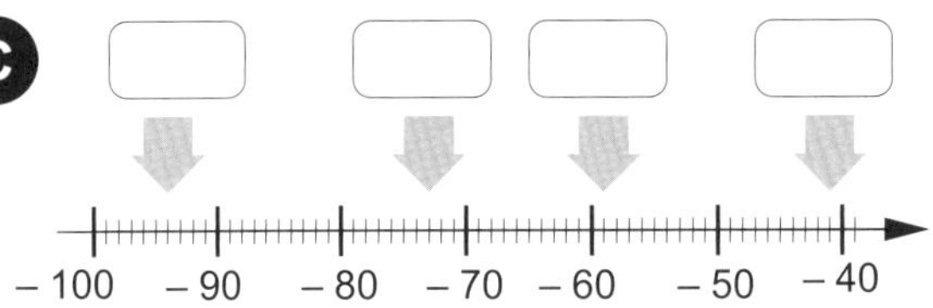

Markiere die angegebenen Zahlen auf dem Zahlenstrahl.

D – 6 – 3 + 1

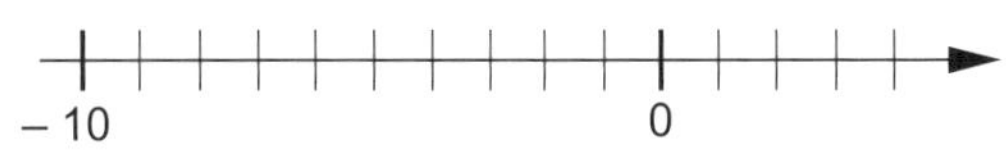

E – 110 – 70 + 50

F – 91 – 82 – 69 – 53

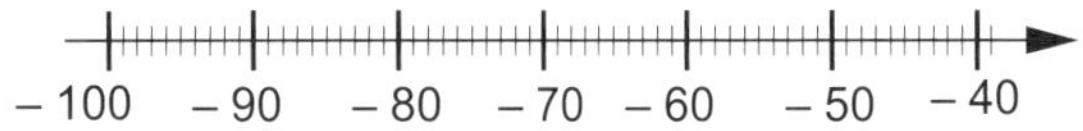

Station

E

Schrägbilder von Prismen

!

Vervollständige die Schrägbilder. Schattiere die einzelnen Flächen unterschiedlich stark.

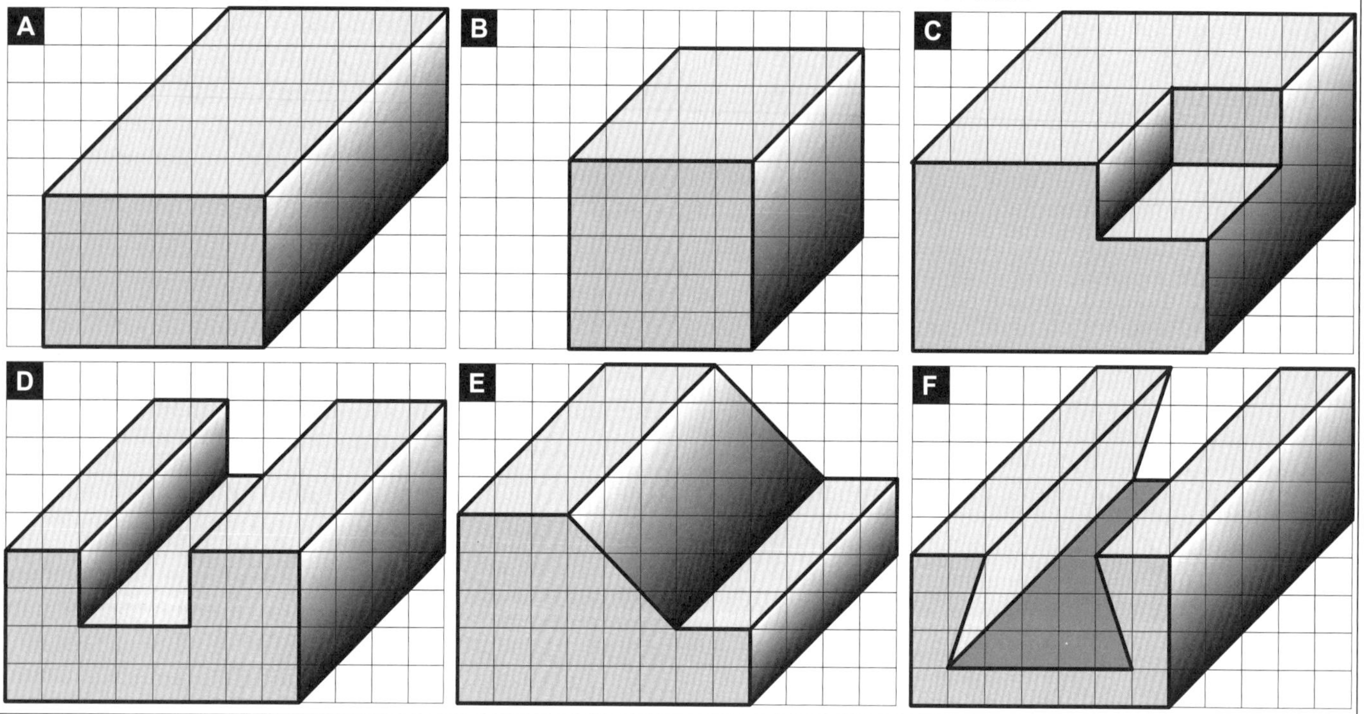

Station

E

Ganze Zahlen

!

Welche Zahlen sind markiert? Trage entsprechend ein.

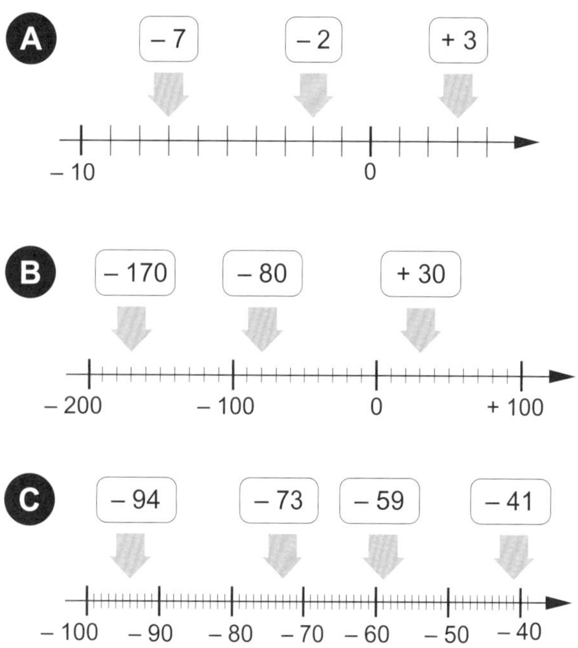

Markiere die angegebenen Zahlen auf dem Zahlenstrahl.

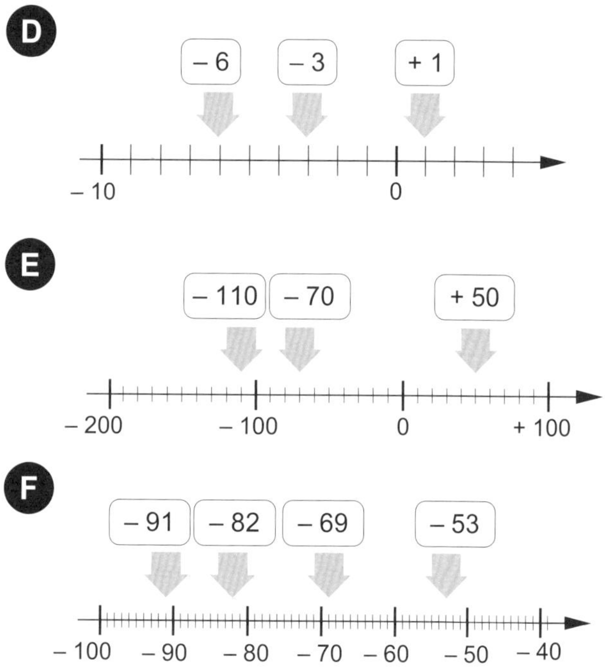

Station E

Oberfläche von Würfel und Quader

Berechne jeweils die Oberfläche der dargestellten Körper. Aus den Kennbuchstaben der richtigen Antworten ergibt sich ein Lösungswort.

A

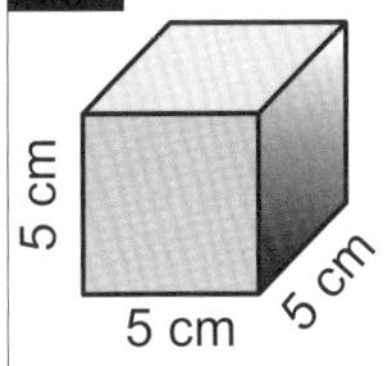

- 150 cm² **S**
- 165 cm² **D**
- 180 cm² **P**

B

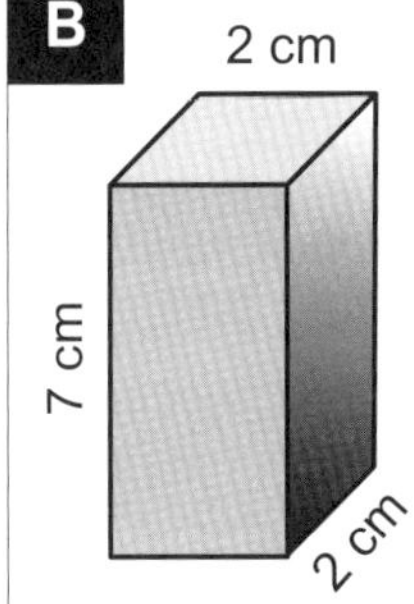

- 60 cm² **I**
- 62 cm² **R**
- 64 cm² **P**

C

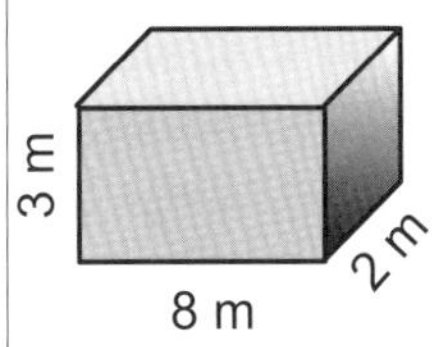

- 90 m² **Ä**
- 92 m² **I**
- 94 m² **P**

D

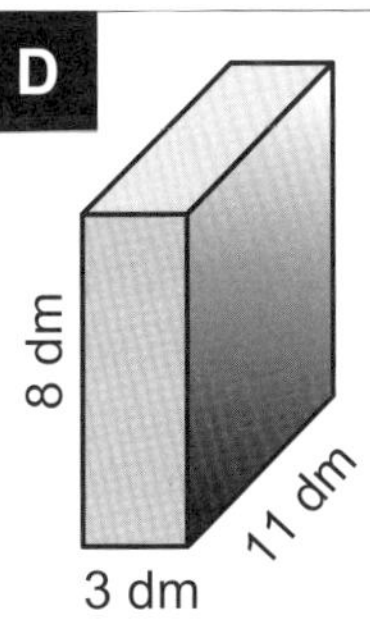

- 290 dm² **N**
- 300 dm² **M**
- 320 dm² **L**

E

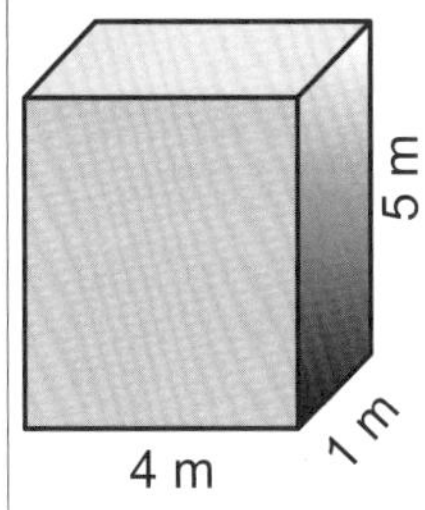

- 58 m² **A**
- 60 m² **O**
- 62 m² **I**

F

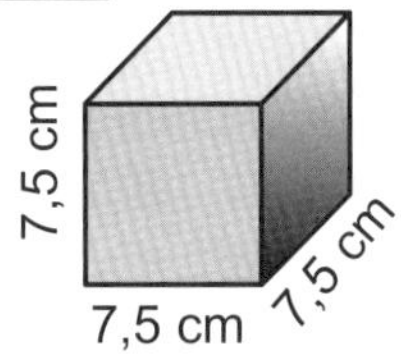

- 317,5 cm² **M**
- 327,5 cm² **E**
- 337,5 cm² **T**

Lösungswort:

A	B	C	D	E	F

Station E

Geometrische Netze

Kreuze an, um welche geometrischen Netze es sich handelt. Aus den Kennbuchstaben der richtigen Antworten ergibt sich ein Lösungswort.

A

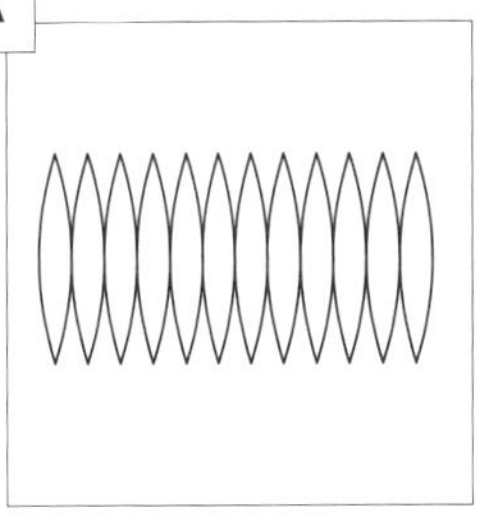

- **P** Kugelnetz
- **N** Quadernetz
- **K** Kegelnetz

B

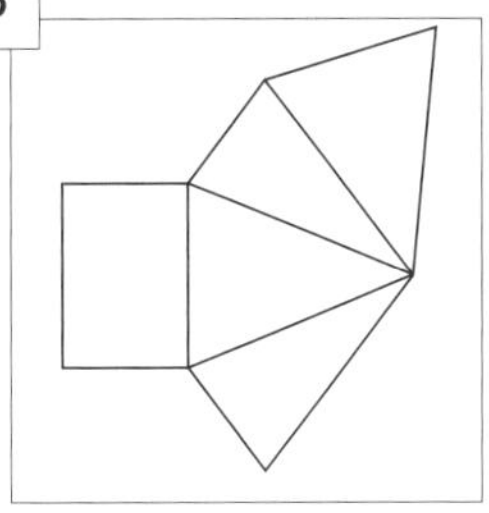

- **E** Zylindernetz
- **F** Pyramidennetz
- **B** Prismanetz

C

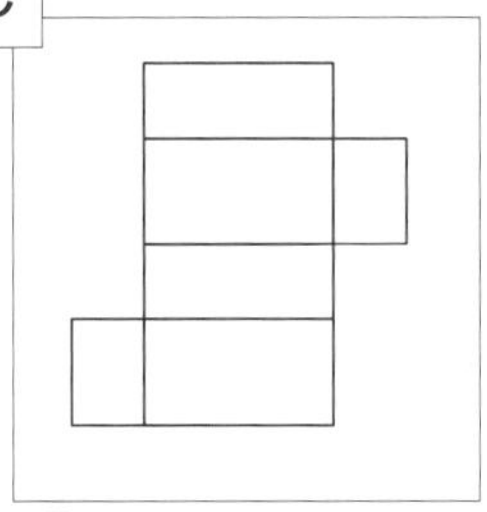

- **S** Zylindernetz
- **I** Würfelnetz
- **E** Quadernetz

D

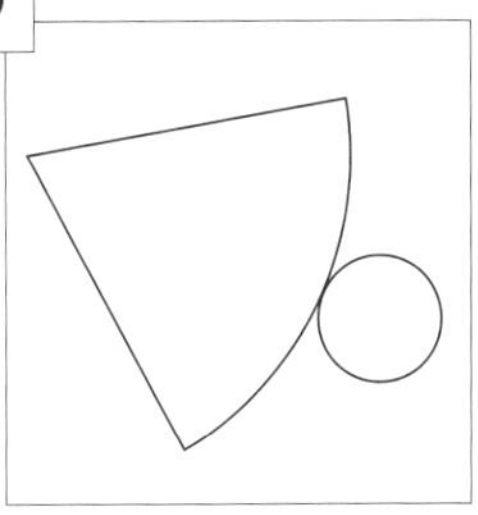

- **T** Würfelnetz
- **D** Quadernetz
- **R** Kegelnetz

E

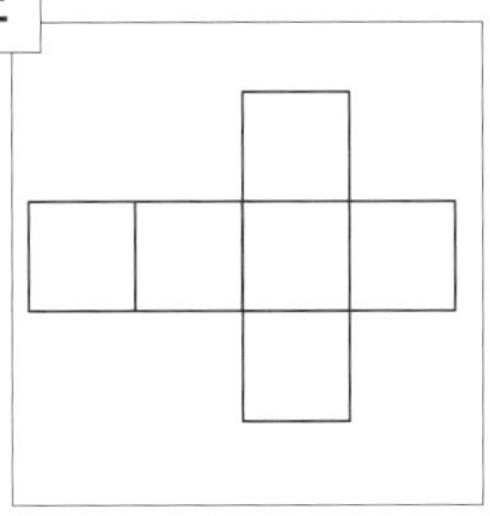

- **D** Würfelnetz
- **I** Zylindernetz
- **M** Kegelnetz

Lösungswort:

A	B	C	D	E

Station E

Oberfläche von Würfel und Quader

Berechne jeweils die Oberfläche der dargestellten Körper. Aus den Kennbuchstaben der richtigen Antworten ergibt sich ein Lösungswort.

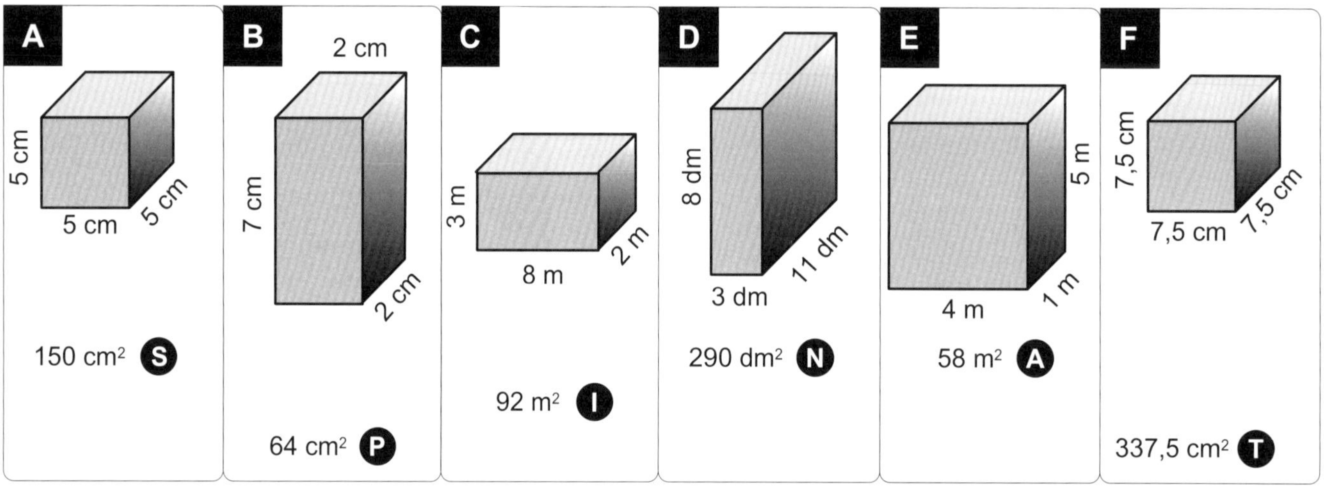

Lösungswort:

A	B	C	D	E	F
S	P	I	N	A	T

Station E

Geometrische Netze

Kreuze an, um welche geometrischen Netze es sich handelt. Aus den Kennbuchstaben der richtigen Antworten ergibt sich ein Lösungswort.

A

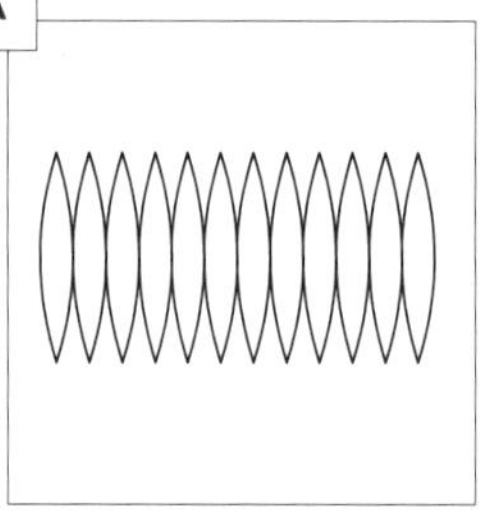

P Kugelnetz

B

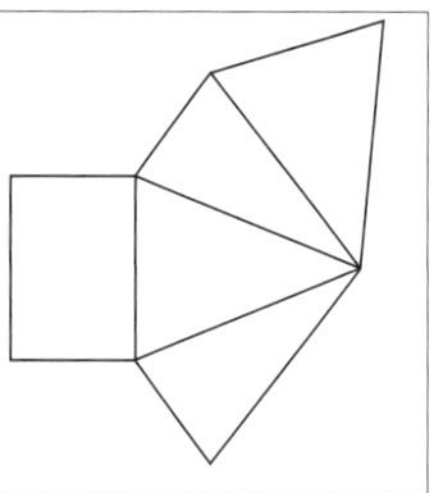

F Pyramidennetz

C

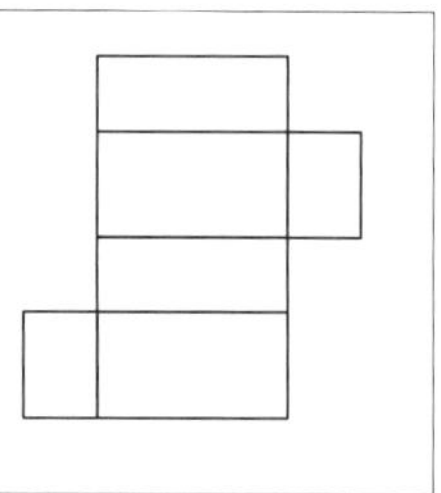

D

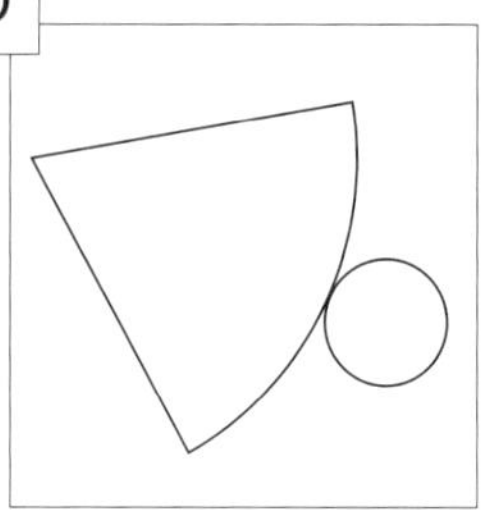

R Kegelnetz

E

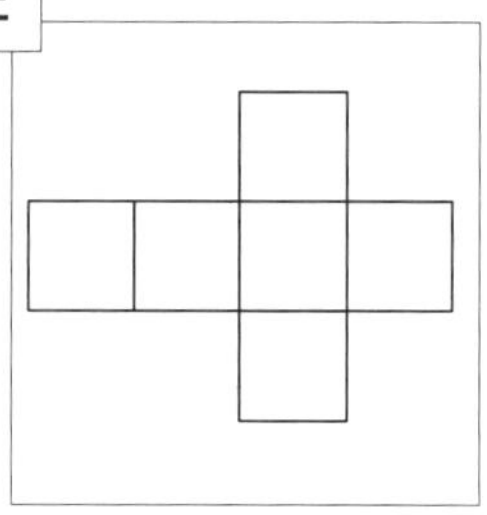

D Würfelnetz

E Quadernetz

Lösungswort:

A	B	C	D	E
P	F	E	R	D

Station E

Größen: Gewicht

A

Gib in Gramm an.

4 kg =		g
6 kg 350 g =		g
7 kg 42 g =		g
11 kg =		g
32 kg =		g
9 kg 150 g =		g
6 kg 89 g =		g
12 kg 500 g =		g

B

Gib in gemischter Schreibweise an.

2003 kg =		t		kg
24200 g =		kg		g
3500 mg =		g		mg
1084 kg =		t		kg
70777kg =		t		kg
40080 mg =		g		mg
10006 g =		kg		g
55005 kg =		t		kg

C

Setze <, > oder = ein.

2700 g		2 kg 700 g
4,036 kg		4 kg 360 g
900 g		0,900 kg
16 t		15 999 kg
7 kg 100 g		7,010 kg
8,808 g		8 g 888 mg
37002 g		37,002 mg
0,052 t		520 kg

Station E

Größen: Zeit

A

Gib in Minuten an.

4 h =		min
2 h 45 min =		min
5 h 17 min =		min
7 h =		min
3 h 15 min =		min
6 h 27 min =		min
2 h 55 min =		min
7 h 35 min =		min

B

Gib in Stunden und Minuten an.

270 min =		h		min
205 min =		h		min
112 min =		h		min
212 min =		h		min
394 min =		h		min
269 min =		h		min
153 min =		h		min
311 min =		h		min

C

Gib in Minuten und Sekunden an.

80 s =		min		s
195 s =		min		s
210 s =		min		s
666 s =		min		s
712 s =		min		s
820 s =		min		s
153 s =		min		s
1000 s =		min		s

Station E

Größen: Gewicht

A Gib in Gramm an.

4 kg	=	4000	g
6 kg 350 g	=	6350	g
7 kg 42 g	=	7042	g
11 kg	=	11000	g
32 kg	=	32000	g
9 kg 150 g	=	9150	g
6 kg 89 g	=	6089	g
12 kg 500 g	=	12500	g

B Gib in gemischter Schreibweise an.

2003 kg	=	2	t	3	kg
24200 g	=	24	kg	200	g
3500 mg	=	3	g	500	mg
1084 kg	=	1	t	84	kg
70777kg	=	70	t	777	kg
40080 mg	=	40	g	80	mg
10006 g	=	10	kg	6	g
55005 kg	=	55	t	5	kg

C Setze <, > oder = ein.

2700 g	=	2 kg 700 g
4,036 kg	<	4 kg 360 g
900 g	=	0,900 kg
16 t	>	15 999 kg
7 kg 100 g	>	7,010 kg
8,808 g	<	8 g 888 mg
37002 g	>	37,002 mg
0,052 t	<	520 kg

Station E

Größen: Zeit

A Gib in Minuten an.

4 h	=	240	min
2 h 45 min	=	165	min
5 h 17 min	=	317	min
7 h	=	420	min
3 h 15 min	=	195	min
6 h 27 min	=	387	min
2 h 55 min	=	175	min
7 h 35 min	=	455	min

B Gib in Stunden und Minuten an.

270 min	=	4	h	30	min
205 min	=	3	h	25	min
112 min	=	1	h	52	min
212 min	=	3	h	32	min
394 min	=	6	h	34	min
269 min	=	4	h	29	min
153 min	=	2	h	33	min
311 min	=	5	h	11	min

C Gib in Minuten und Sekunden an.

80 s	=	1	min	20	s
195 s	=	3	min	15	s
210 s	=	3	min	30	s
666 s	=	11	min	6	s
712 s	=	11	min	52	s
820 s	=	13	min	40	s
153 s	=	2	min	33	s
1000 s	=	16	min	40	s

Station P

Größen gemischt

A Gebt in der angegebenen Einheit an.

3,56 € =		Ct
72 Ct =		€
3 Wochen =		Tage
13 cm =		mm
6 dm =		cm
2000 ml =		l
$\frac{1}{4}$ l =		ml
0,075 kg =		g

B Gebt in der angegebenen Einheit an.

5 km^2 =		ha
120 m =		km
3 Jahre =		Monate
30 mm =		cm
60000 dm^2 =		m^2
20 l =		ml
$\frac{1}{4}$ h =		min
0,12 a =		m^2

C Setzt <, > oder = ein.

760 ml		$\frac{3}{4}$ l
4,036 kg		4 kg 360 g
8 m^2		0,8 a
0,750 km		7490 dm
800 mm^2		0,8 dm^2
8,888 g		8 g 808 mg
$\frac{3}{4}$ h		45 min
12 cm^3		0,12 dm^3

Station E

Sachaufgaben: Zeit

Löse die Aufgaben. Die Kennbuchstaben bei den richtigen Lösungen ergeben ein Lösungswort.

A Die Raumfähre Challenger befand sich 408 Stunden im All. Wie viele Tage waren das?

(M) 16 Tage (S) 17 Tage (B) 18 Tage

B Die Sonne ging um 7.13 Uhr auf und um 17.43 Uhr wieder unter. Wie lange schien sie?

(U) 10 h 10 min (E) 10 h 20 min (T) 10 h 30 min

C Frau Holi-Dai fliegt um 8.42 Uhr nach Teneriffa. Der Flug dauert 4 h 35 min. Wann kommt sie an?

(R) 13.11 Uhr
(N) 13.13 Uhr
(U) 13.17 Uhr

D Eine Zugfahrt dauert von 9.26 Uhr bis 12.48 Uhr. Wie lange ist das?

(R) 3 h 22 min (L) 3 h 12 min (S) 3 h 32 min

E Ines sitzt von 7.32 Uhr bis 8.05 Uhr im Schulbus. Wie lange ist das?

(T) 32 Minuten (M) 33 Minuten (E) 31 Minuten

Lösungswort:

A	B	C	D	E

Station P

Größen gemischt

A Gebt in der angegebenen Einheit an.

3,56 € =	356	Ct
72 Ct =	0,72	€
3 Wochen =	21	Tage
13 cm =	130	mm
6 dm =	60	cm
2000 ml =	2	l
$\frac{1}{4}$ l =	250	ml
0,075 kg =	75	g

B Gebt in der angegebenen Einheit an.

5 km^2 =	500	ha
120 m =	0,12	km
3 Jahre =	36	Monate
30 mm =	3	cm
60000 dm^2 =	600	m^2
20 l =	20000	ml
$\frac{1}{4}$ h =	15	min
0,12 a =	12	m^2

C Setzt <, > oder = ein.

760 ml	>	$\frac{3}{4}$ l
4,036 kg	<	4 kg 360 g
8 m^2	<	0,8 a
0,750 km	>	7490 dm
800 mm^2	<	0,8 dm^2
8,888 g	>	8 g 808 mg
$\frac{3}{4}$ h	=	45 min
12 cm^3	<	0,12 dm^3

Station E

Sachaufgaben: Zeit

Löse die Aufgaben. Die Kennbuchstaben bei den richtigen Lösungen ergeben ein Lösungswort.

A Die Raumfähre Challenger befand sich 408 Stunden im All. Wie viele Tage waren das?

(S) 17 Tage

B Die Sonne ging um 7.13 Uhr auf und um 17.43 Uhr wieder unter. Wie lange schien sie?

(T) 10 h 30 min

C Frau Holi-Dai fliegt um 8.42 Uhr nach Teneriffa. Der Flug dauert 4 h 35 min. Wann kommt sie an?

(U) 13.17 Uhr

D Eine Zugfahrt dauert von 9.26 Uhr bis 12.48 Uhr. Wie lange ist das?

(R) 3 h 22 min

E Ines sitzt von 7.32 Uhr bis 8.05 Uhr im Schulbus. Wie lange ist das?

(M) 33 Minuten

Lösungswort:

A	B	C	D	E
S	T	U	R	M

E

Station

Verschiebungen

Verschiebe die Figuren jeweils in Pfeilrichtung.

A

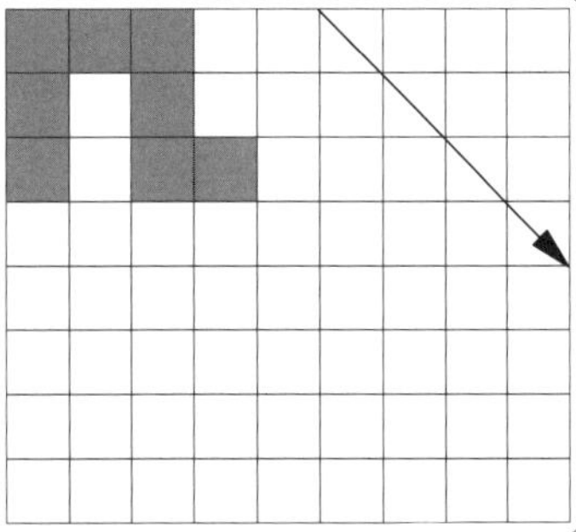

B

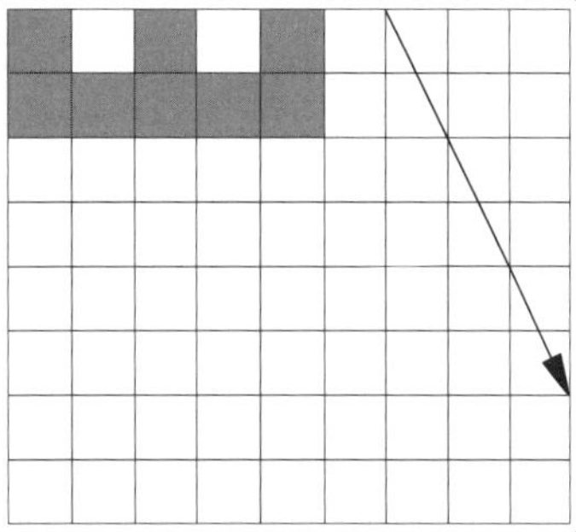

C

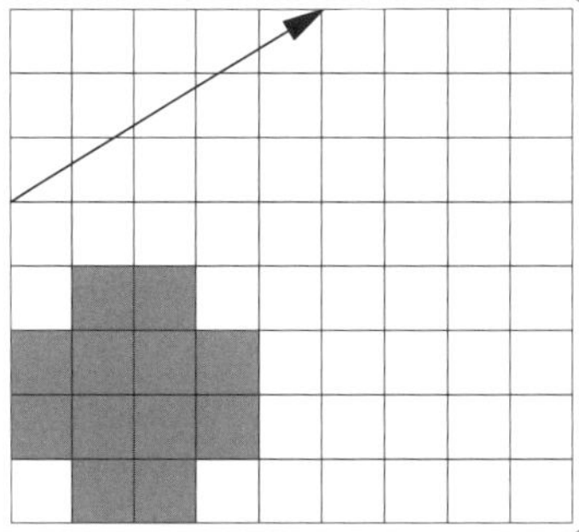

D

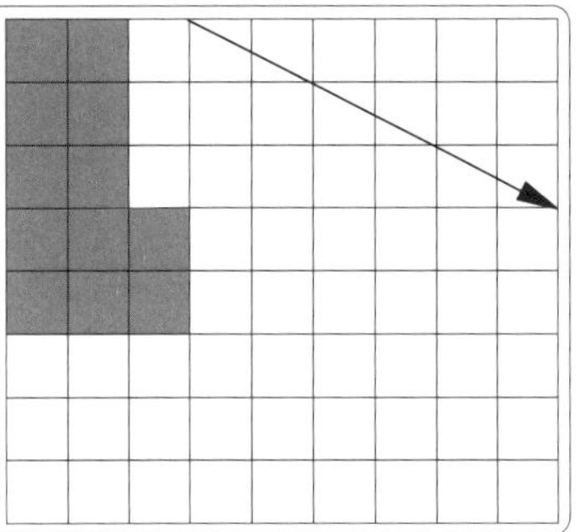

E

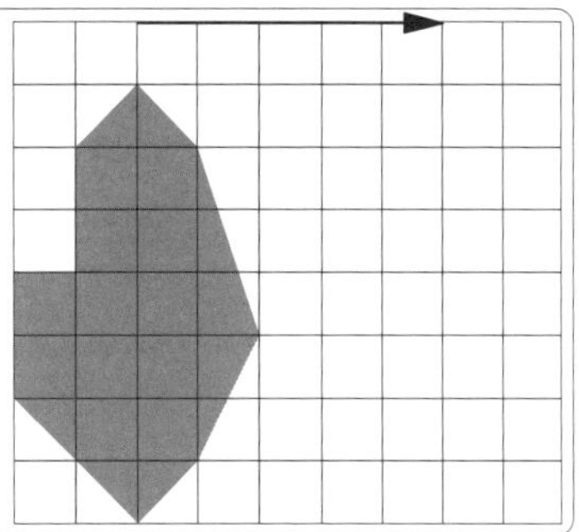

F

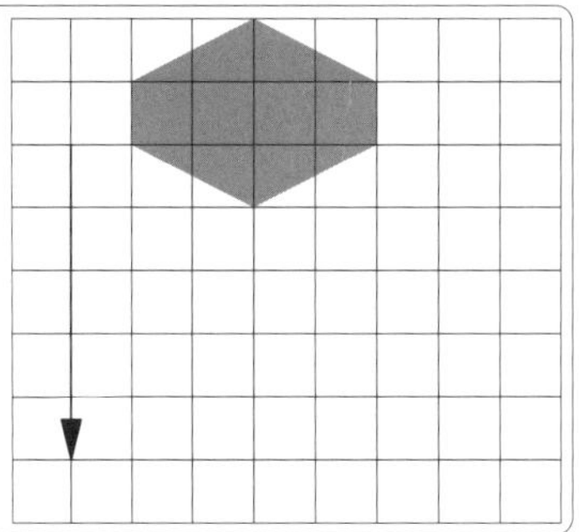

E

Station

Parkettierungen

Parkettiere mit den vorgegebenen Figuren die Fläche so weit wie möglich. Die grauen Flächen bleiben frei.

A

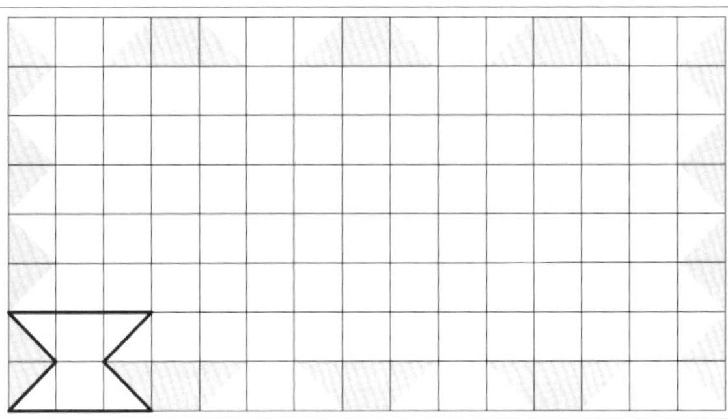

B

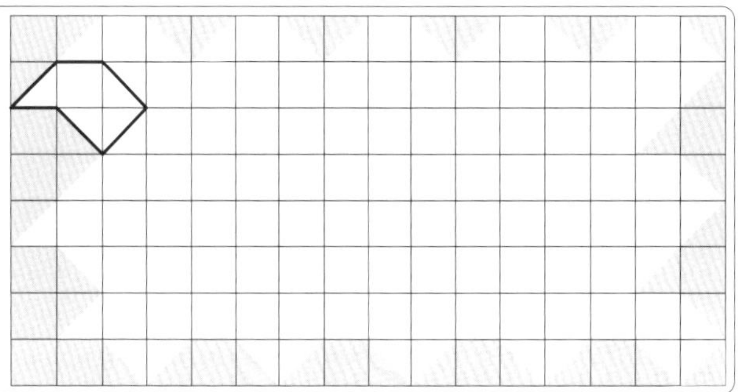

C

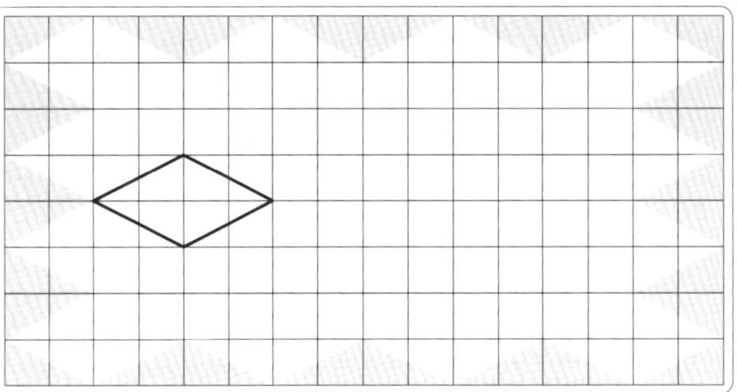

D

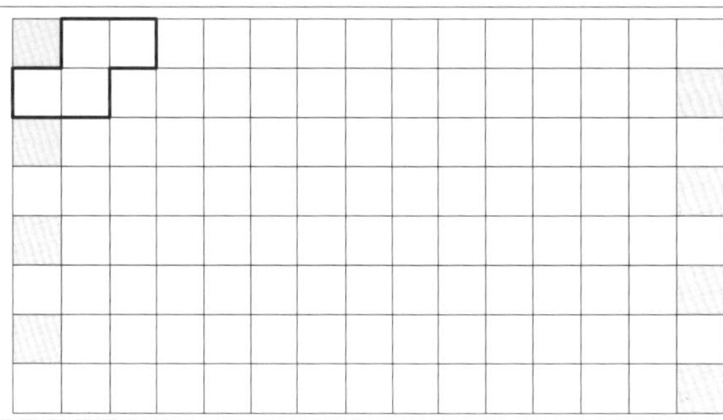

Station E

Verschiebungen

Verschiebe die Figuren jeweils in Pfeilrichtung.

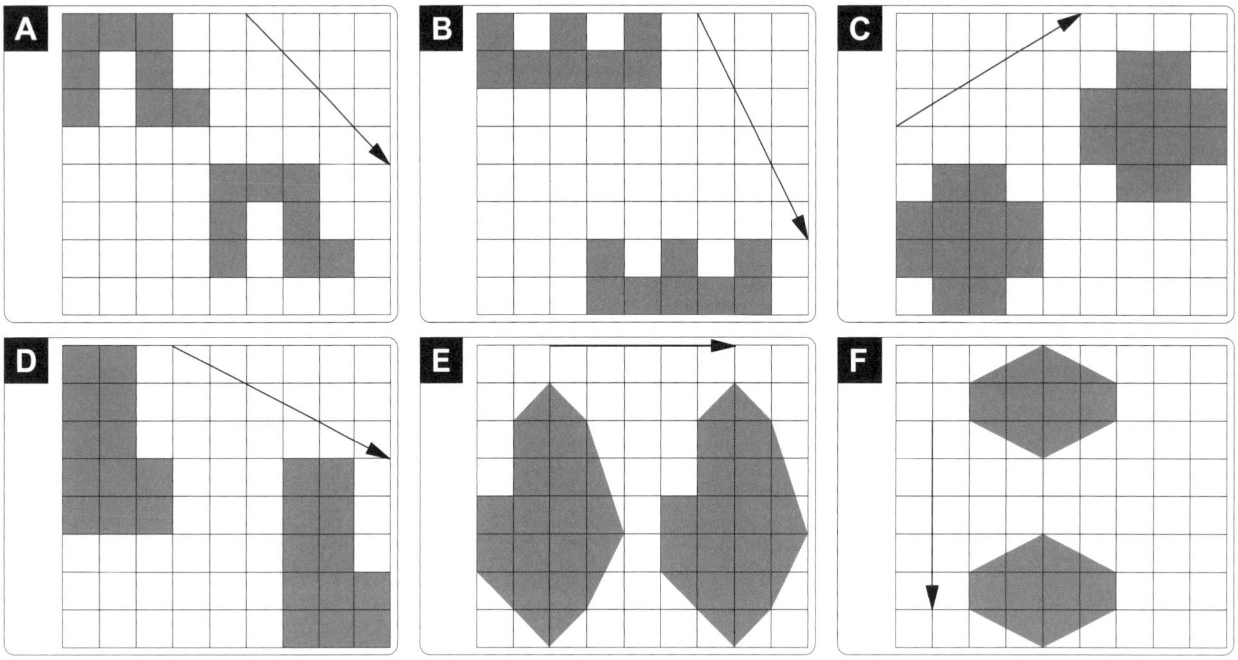

Station E

Parkettierungen

Parkettiere mit den vorgegebenen Figuren die Fläche so weit wie möglich. Die grauen Flächen bleiben frei.

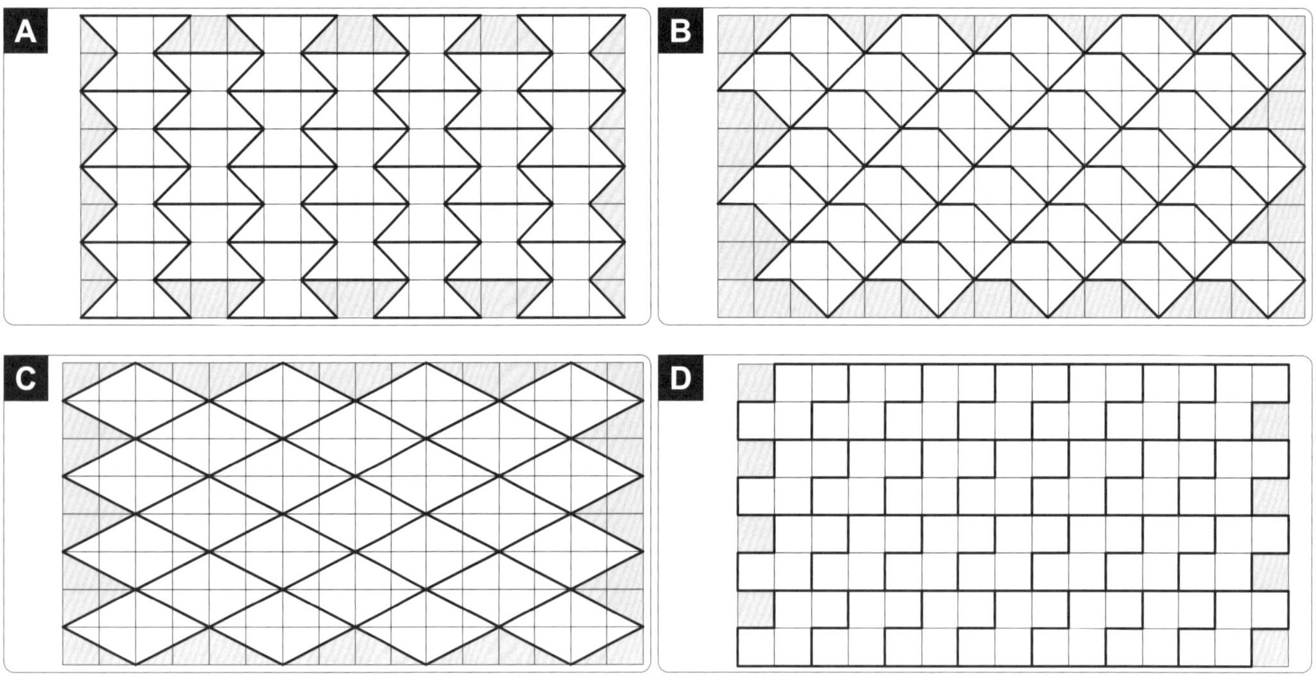

E

Station

Runden von Zahlen

Kreuze die richtig gerundete Zahl an. Die Stelle, auf die gerundet werden soll, ist durch einen Punkt markiert.
Aus den Kennbuchstaben der richtigen Antworten ergibt sich ein Lösungswort.

A 10147	B 37586	C 145348	D 100877	E 80808	F 175432
10200 N	37600 R	140000 C	100870 H	81000 B	180000 E
10100 T	37500 A	145000 T	100880 M	80800 M	175000 A
10150 M	38000 I	150000 O	100900 S	80810 C	170000 H

G 375624	H 134999	I 173195	J 1009501	K 3507628	L 999575
375000 R	135000 S	170000 E	1010000 U	3500000 A	1000000 R
376000 L	140000 L	173000 T	1009000 A	3510000 I	999000 T
375600 Ü	130000 F	173200 M	1100000 R	4000000 E	999600 N

	A	B	C	D	E	F	G	H	I	J	K	L
Lösungswort:												

Kohls Stationenlernen Mathematik / 6. Schuljahr – Bestell-Nr. 11 592

E

Station

Überschlägig rechnen

Runde jede Zahl auf die 1. Stelle und berechne das Ergebnis überschlagsmäßig. Die Kennbuchstaben bei dem genauen Ergebnis ergeben ein Lösungswort.

Aufgabe										Lösungswort:
78 • 42 ≈		•		≈		2976 K	3916 E	3276 P	A	
9207 + 5845 ≈		+		≈		15052 R	18072 A	17062 I	B	
105 • 47 ≈		•		≈		3975 N	4935 O	6125 R	C	
10187 – 7097 ≈		–		≈		2190 A	5190 Z	3090 F	D	
65680 : 16 ≈		:		≈		4105 I	2205 W	5305 A	E	
8237 – 2794 ≈		–		≈		5443 S	2343 A	7453 K	F	
933 • 77 ≈		•		≈		51751 L	60841 N	71841 P	G	
8534 : 17 ≈		:		≈		299 K	502 O	803 U	H	
3434 + 4686 ≈		+		≈		8120 R	6210 E	4130 N	I	
20840 : 5 ≈		:		≈		2368 N	4168 T	5268 G	J	

Station E

Runden von Zahlen

Kreuze die richtig gerundete Zahl an. Die Stelle, auf die gerundet werden soll, ist durch einen Punkt markiert. Aus den Kennbuchstaben der richtigen Antworten ergibt sich ein Lösungswort.

	Zahl	Gerundet
A	10147	10100 (T)
B	37586	37600 (R)
C	145348	150000 (O)
D	100877	100880 (M)
E	80808	80800 (M)
F	175432	180000 (E)
G	375624	376000 (L)
H	134999	130000 (F)
I	173195	170000 (E)
J	1009501	1010000 (U)
K	3507628	4000000 (E)
L	999575	1000000 (R)

	A	B	C	D	E	F	G	H	I	J	K	L
Lösungswort:	T	R	O	M	M	E	L	F	E	U	E	R

Station E

Überschlägig rechnen

Runde jede Zahl auf die 1. Stelle und berechne das Ergebnis überschlagsmäßig. Die Kennbuchstaben bei dem genauen Ergebnis ergeben ein Lösungswort.

Aufgabe		Überschlag				Ergebnis	Genaues Ergebnis		Lösungswort
78 • 42	≈	80	•	40	≈	3200	3276 (P)	A	P
9207 + 5845	≈	9000	+	6000	≈	15000	15052 (R)	B	R
105 • 47	≈	100	•	50	≈	5000	4935 (O)	C	O
10187 – 7097	≈	10000	–	7000	≈	3000	3090 (F)	D	F
65680 : 16	≈	70000	:	20	≈	3500	4105 (I)	E	I
8237 – 2794	≈	8000	–	3000	≈	5000	5443 (S)	F	S
933 • 77	≈	900	•	80	≈	72000	71841 (P)	G	P
8534 : 17	≈	9000	:	20	≈	450	502 (O)	H	O
3434 + 4686	≈	3000	+	5000	≈	8000	8120 (R)	I	R
20840 : 5	≈	20000	:	5	≈	4000	4168 (T)	J	T

Station

Drehsymmetrische Figuren

Drehe die Figuren um den Punkt Z jeweils um 90°, 180°, 270° weiter. Du kannst dein Bild farbig anlegen.

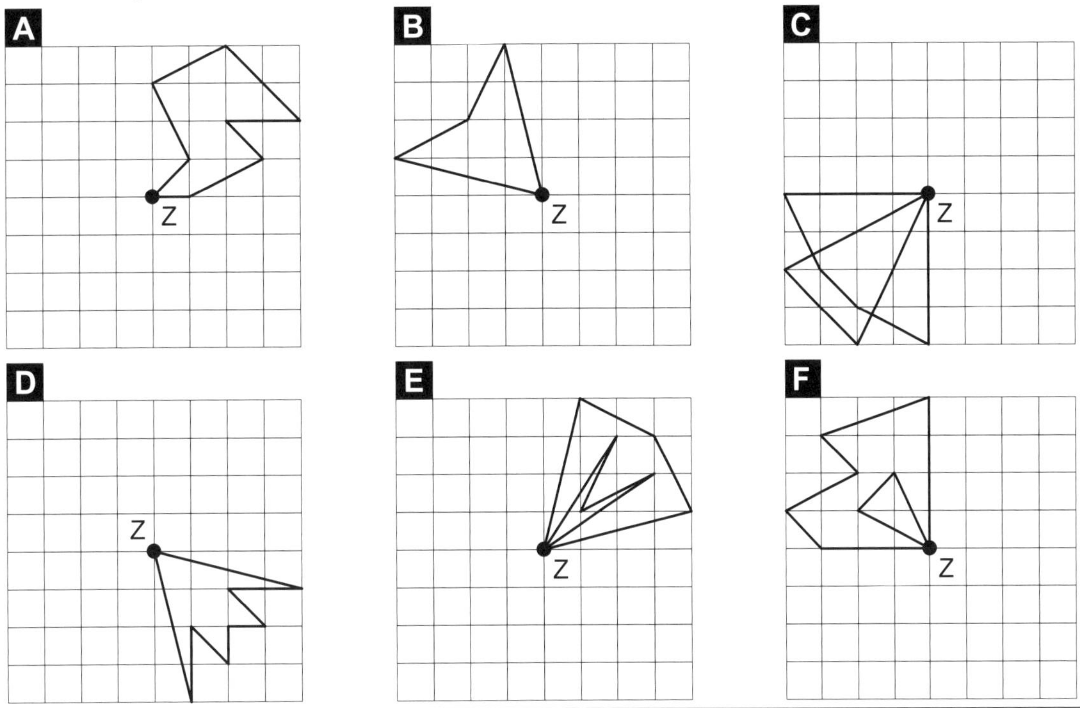

Station

Umfang von Parallelogrammen

Wie groß sind die Umfänge der Parallelogramme in mm?

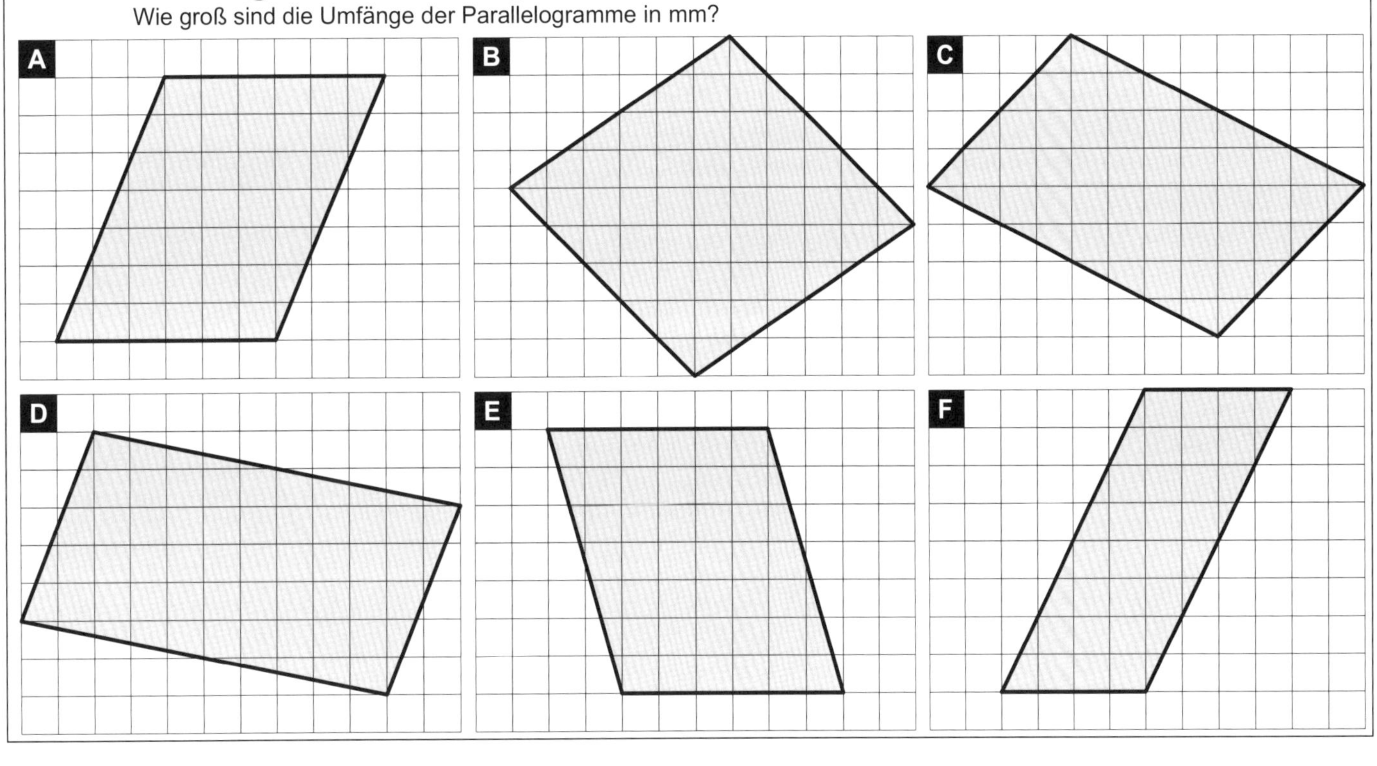

Station E

Drehsymmetrische Figuren

Drehe die Figuren um den Punkt Z jeweils um 90°, 180°, 270° weiter. Du kannst dein Bild farbig anlegen.

A

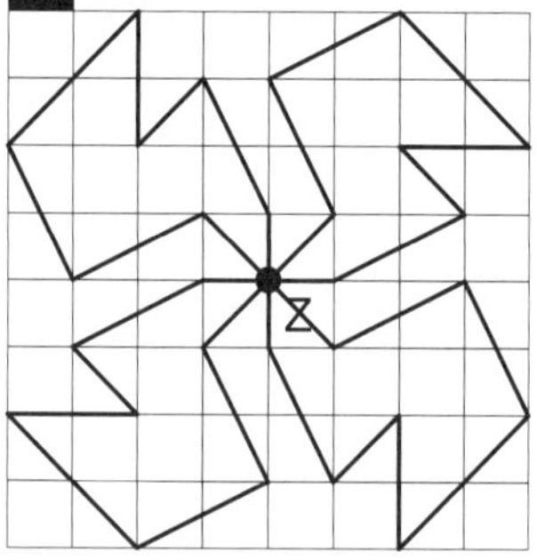

B

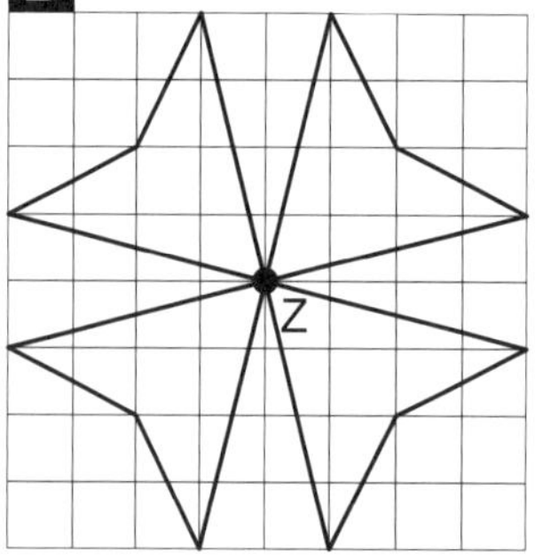

C

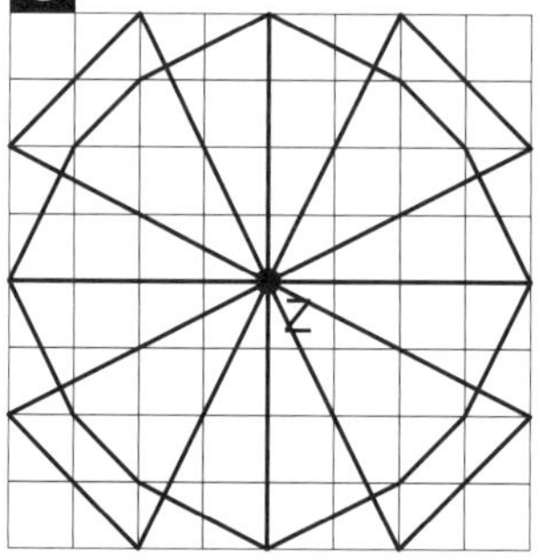

D

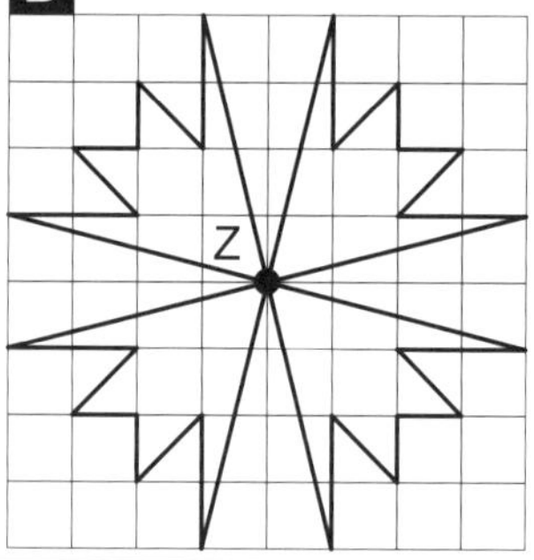

E

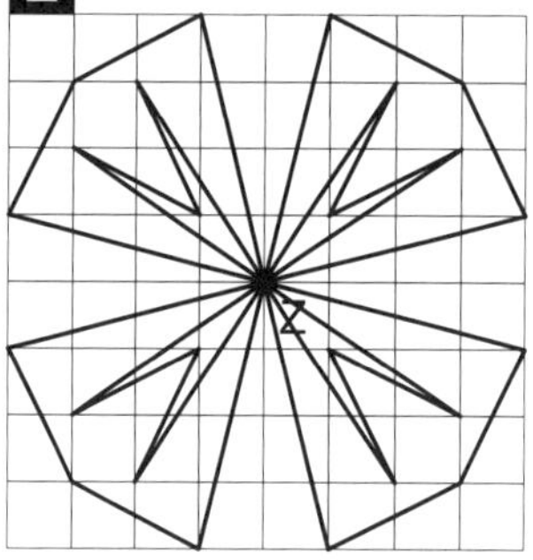

F

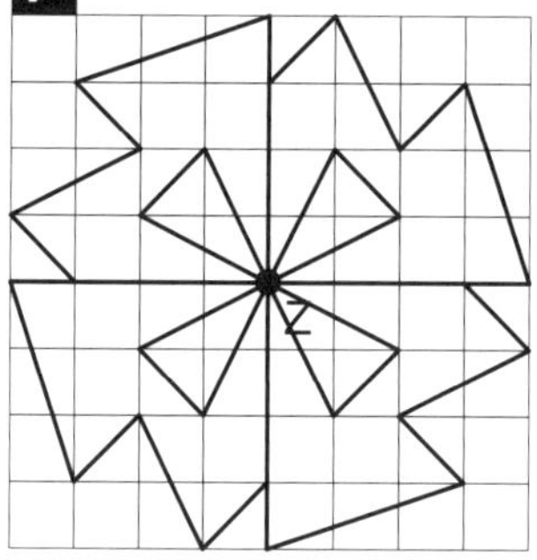

Station E

Umfang von Parallelogrammen

Wie groß sind die Umfänge der Parallelogramme in mm?

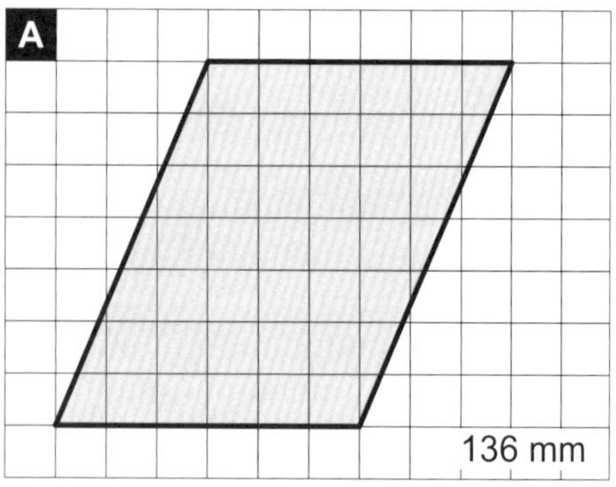

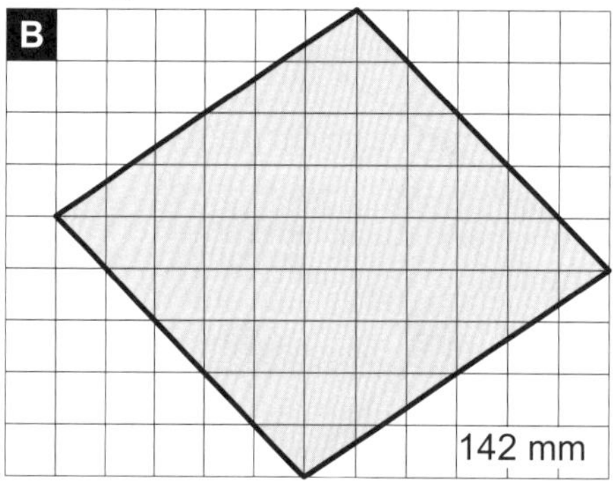

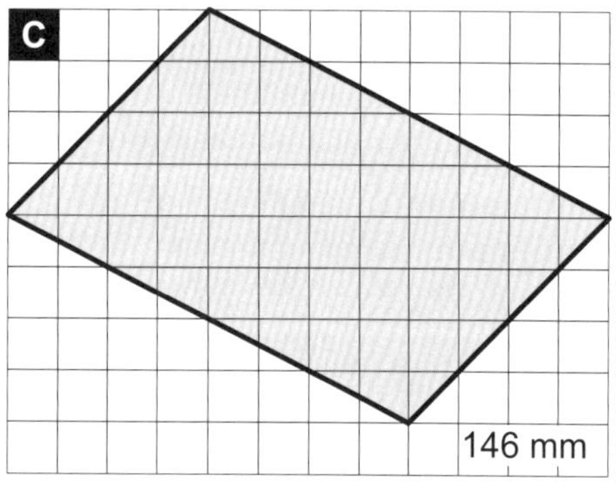

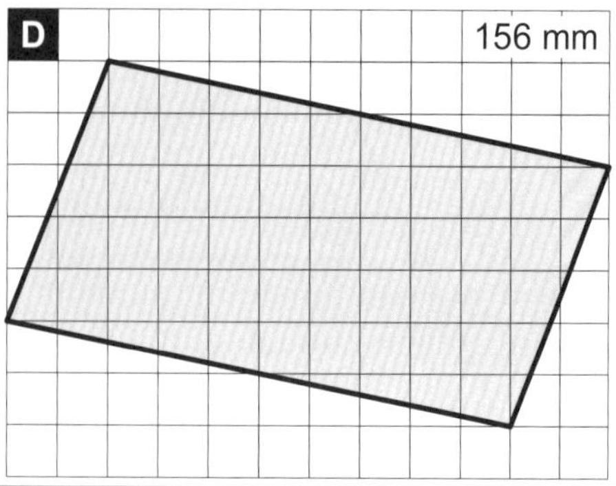

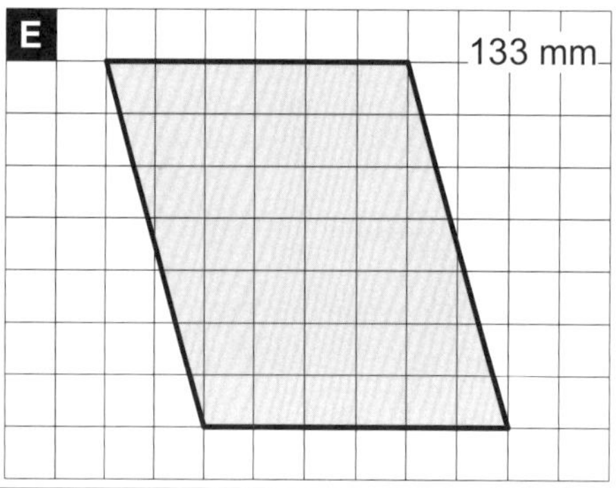

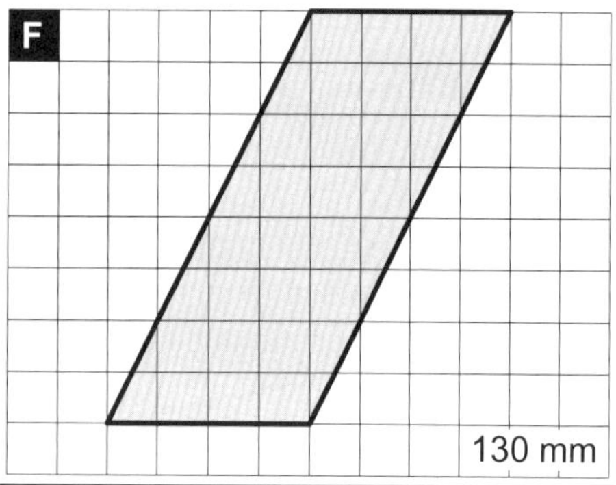

Station E

Rechnen mit Geld

Löse die Aufgaben. Die Kennbuchstaben bei den richtigen Antworten ergeben ein Lösungswort.

A Der Kraftfahrzeugmechaniker Kurt Schmierfett füllt 2,8 Liter Motoröl nach und berechnet dafür 31,50 €. Was kostet ein Liter Motoröl?

(B) 11,05 € (K) 11,15 € (P) 11,25 €

B Der Miele-Kundendienst berechnet einem Kunden für die 56 km lange Anfahrt 35,28 €. Was bezahlt man für eine 45 km lange Anfahrt?

(E) 28,25 € (I) 28,35 € (T) 28,45 €

C Harry Buh verkaufte 108 kg Gummibärchen und erzielte damit einen Gewinn von 3067,20 €. Wie viel nimmt er ein, wenn er 42 kg dieser Leckereien verkauft?

(R) 1192,80 €
(N) 1193,80 €
(U) 1194,80 €

D Zwei fangfrische Forellen kosten 10,40 €. Frau Brat-Hering kauft für ihre Familie fünf Forellen Was muss sie bezahlen?

(Ä) 26,00 € (Z) 26,40 € (C) 26,80 €

E Herr Camembert hat 420 g Bergkäse für 7,77 € gekauft. Frau Roquefort liebt diesen Käse ebenfalls und hat 640 g für ihre Familie gekauft. Was bezahlt sie?

(H) 11,64 € (I) 11,74 € (U) 11,84 €

F Metzgermeister G. Hacktes nimmt für 250 g Gehacktes 3,55 €. Frau Eat-Nothing braucht für ihre Spaghetti Bolognese 650 g Gehacktes. Was kostet das?

(E) 9,03 €
(N) 9,13 €
(S) 9,23 €

Lösungswort:

A	B	C	D	E	F

Station E

Daten auswerten

Löse die Aufgaben. Die Kennbuchstaben bei den richtigen Antworten ergeben ein Lösungswort.

A Bei einem Sportfest wurden von einer Riege folgende Weitsprünge gemessen: 5,35 m; 3,90 m; 4,45 m; 5,85 m; 4,20 m; 5,12 m; 3,40 m; 4,85 m; 5,10 m; 3,80 m; 4,30 m; 5,15 m. Bestimme den Mittelwert.

(B) 4,6225 (R) 4,7225 (S) 4,8225

B Bei einem Schulfest werden 600 Lose verkauft. Unter diesen Losen sind 30 Hauptgewinne. Berechne die relative Häufigkeit für einen Gewinn.

(E) 0,04 (I) 0,05 (A) 0,06

C Berechne den Notendurchschnitt einer Klassenarbeit im Fach Mathematik.

sehr gut	gut	befriedigend	ausreichend	mangelhaft	ungenügend
2	6	5	9	3	0

(R) 3,2
(I) 3,3
(U) 3,4

D Die Preise für die Geschirrspülmaschine „DryDish" der Firma Meale schwanken je nach Ort und Geschäft. Berechne den Mittelwert. Hier die Preise in $: 1270, 1129, 1490, 1290, 1370, 1150, 1410, 1360, 1280, 1340, 1510, 1595.

(S) 1339,50 $ (K) 1349,50 $ (N) 1359,50 $

E Von den 90 Kinder der Jahrgangsstufe 6 fahren 54 mit dem Bus zur Schule, in der Jahrgangsstufe 5 sind es 52 von 80. Vergleiche, indem du die relativen Häufigkeiten berechnest.

(E) 0,6 bzw. 0,65 (A) 0,5 bzw. 0,62 (T) 0,7 bzw. 0,55

Lösungswort:

A	B	C	D	E

Station E

Rechnen mit Geld

Löse die Aufgaben. Die Kennbuchstaben bei den richtigen Antworten ergeben ein Lösungswort.

A Der Kraftfahrzeugmechaniker Kurt Schmierfett füllt 2,8 Liter Motoröl nach und berechnet dafür 31,50 €. Was kostet ein Liter Motoröl?

(P) 11,25 €

B Der Miele-Kundendienst berechnet einem Kunden für die 56 km lange Anfahrt 35,28 €. Was bezahlt man für eine 45 km lange Anfahrt?

(I) 28,35 €

C Harry Buh verkaufte 108 kg Gummibärchen und erzielte damit einen Gewinn von 3067,20 €. Wie viel nimmt er ein, wenn er 42 kg dieser Leckereien verkauft?

(R) 1192,80 €

D Zwei fangfrische Forellen kosten 10,40 €.
Frau Brat-Hering kauft für ihre Familie fünf Forellen
Was muss sie bezahlen?

(Ä) 26,00 €

E Herr Camembert hat 420 g Bergkäse für 7,77 € gekauft. Frau Roquefort liebt diesen Käse ebenfalls und hat 640 g für ihre Familie gekauft. Was bezahlt sie?

(U) 11,84 €

F Metzgermeister G. Hacktes nimmt für 250 g Gehacktes 3,55 €. Frau Eat-Nothing braucht für ihre Spaghetti Bolognese 650 g Gehacktes. Was kostet das?

(S) 9,23 €

Lösungswort:

A	B	C	D	E	F
P	I	R	Ä	U	S

Station E

Daten auswerten

Löse die Aufgaben. Die Kennbuchstaben bei den richtigen Antworten ergeben ein Lösungswort.

A Bei einem Sportfest wurden von einer Riege folgende Weitsprünge gemessen:
5,35 m; 3,90 m; 4,45 m;
5,85 m; 4,20 m; 5,12 m;
3,40 m; 4,85 m; 5,10 m;
3,80 m; 4,30 m; 5,15 m.
Bestimme den Mittelwert.

(B) 4,6225

B Bei einem Schulfest werden 600 Lose verkauft. Unter diesen Losen sind 30 Hauptgewinne. Berechne die relative Häufigkeit für einen Gewinn.

(I) 0,05

C Berechne den Notendurchschnitt einer Klassenarbeit im Fach Mathematik.

sehr gut	gut	befriedigend	ausreichend	mangelhaft	ungenügend
2	6	5	9	3	0

(R) 3,2

D Die Preise für die Geschirrspülmaschine „DryDish" der Firma Meale schwanken je nach Ort und Geschäft. Berechne den Mittelwert. Hier die Preise in $: 1270, 1129, 1490, 1290, 1370, 1150, 1410, 1360, 1280, 1340, 1510, 1595.

(K) 1349,50 $

E Von den 90 Kinder der Jahrgangsstufe 6 fahren 54 mit dem Bus zur Schule, in der Jahrgangsstufe 5 sind es 52 von 80. Vergleiche, indem du die relativen Häufigkeiten berechnest.

(E) 0,6 bzw. 0,65

Lösungswort:

A	B	C	D	E
B	I	R	K	E

Kohls Stationenlernen Mathematik / 6. Schuljahr • Bestell-Nr. 11 593

Station

Winkel einstellen mit dem Geodreieck

Stecht ein kleines Loch in die gekennzeichnete Stelle des Geodreiecks. Fädelt nun einen Bindfaden ein und verklebt ihn auf der Rückseite mit Klebestreifen. Ihr könnt jetzt Winkel mit Hilfe des Bindfadens spannen und dann die eingestellten Winkel auf etwa 1 Grad genau bestimmen. Wechselt euch dabei ab.

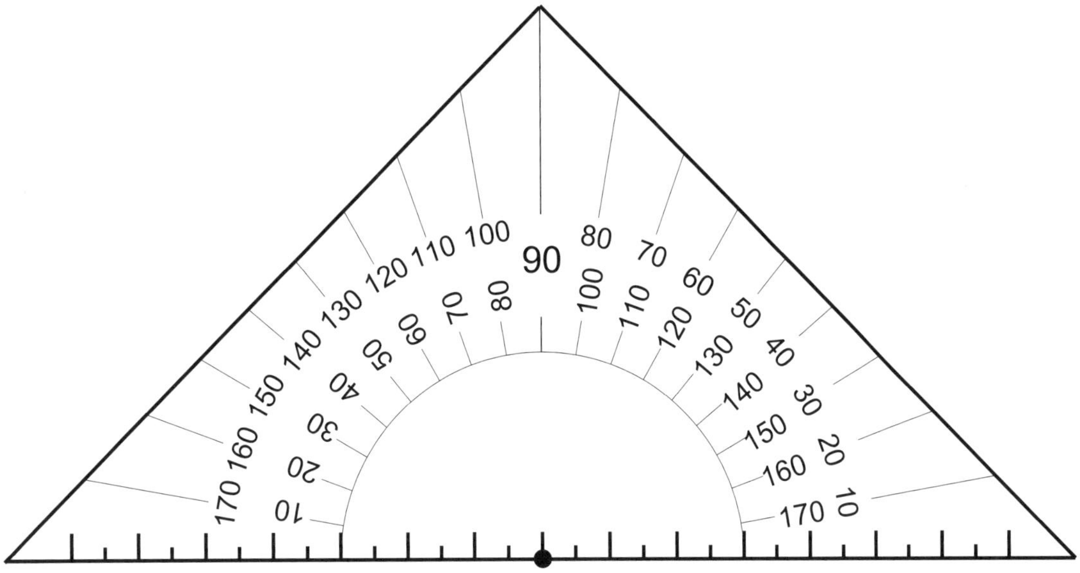

Station

Schätzen von Winkeln

Steckt beide Scheiben so ineinander, dass auf der Vorder- und Rückseite die graue Tönung und auf der beschrifteten Seite 0° zu sehen ist. Durch Drehen der Scheibe könnt ihr einen Winkel einstellen, den ihr als graue Fläche seht. Auf der Rückseite könnt ihr feststellen, wie groß dieser Winkel ist. Abwechselnd sollt ihr jetzt schätzen, wie groß der jeweils eingestellte Winkel ist. Wer am genauesten schätzt, hat natürlich gewonnen.

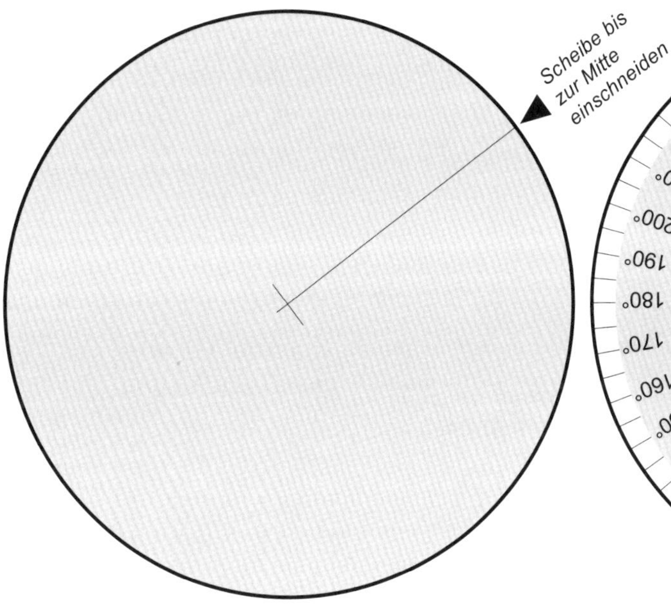

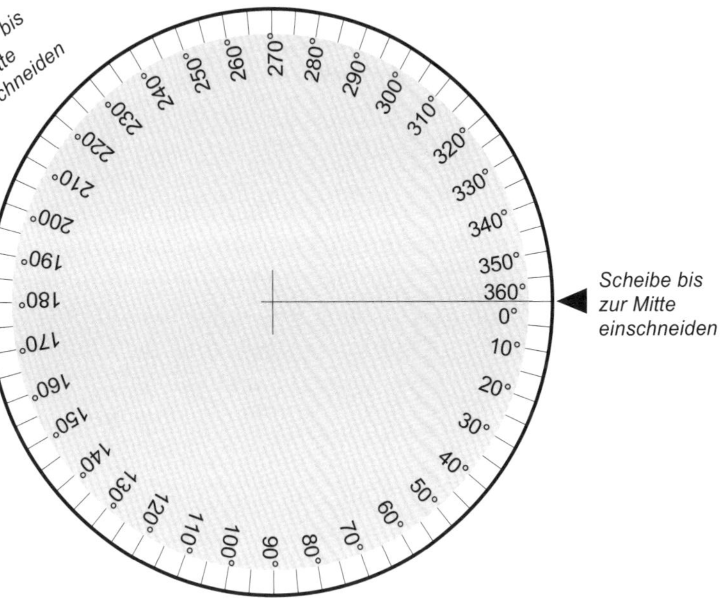

TIPP-KARTE
Teilbarkeit von Zahlen

Eine Zahl ist **durch 2 teilbar**, wenn ihre Endziffer 0, 2, 4, 6 oder 8 ist.

Eine Zahl ist **durch 5 teilbar**, wenn ihre Endziffer 0 oder 5 ist.

Eine Zahl ist **durch 10 teilbar**, wenn ihre Endziffer 0 ist.

Eine Zahl ist **durch 4 teilbar**, wenn die Zahl aus den letzten beiden Ziffern durch 4 teilbar ist.

Eine Zahl ist **durch 3 teilbar**, wenn ihre Quersumme durch 3 teilbar ist.

Beispiel: 1365 Quersumme 1 + 3 + 6 + 5 = 15
3 teilt 15, also ist 3 Teiler von 1365

Eine Zahl ist **durch 9 teilbar**, wenn ihre Quersumme durch 9 teilbar ist.

TIPP-KARTE
Teiler- und Vielfachmengen

Die Zahl 18 hat die **Teiler** 1, 2, 3, 6, 9 und 18.
Jede der Zahlen 1, 2, 3, 6, 9 und 18 **teilt** 18.
Die Teiler einer Zahl werden in der sogenannten **Teilermenge** zusammengefasst:

$$T_{18} = \{1, 2, 3, 6, 9, 18\}$$

Die **Vielfachen** der Zahl 8 sind 1 • 8, 2 • 8; 3 • 8, ...
Die Vielfachen werden in der sogenannten **Vielfachmenge** zusammengefasst. Er reicht, wenn man nur die ersten drei oder vier Vielfachen aufschreibt:

$$V_8 = \{8, 16, 24, 32, ...\}$$

TIPP-KARTE
kgV und ggT

Teiler von 12 = {1, 2, 3, 4, 6, 12 }
Teiler von 20 = {1, 2, 4, 5, 10, 20}

12 und 20 haben 1, 2 und 4 als **gemeinsame Teiler**.
Der **größte gemeinsame Teiler** von 12 und 20 ist 4.
Man schreibt **ggT** (12,20) = 4

Vielfache von 4 = {4, 8, 12, 16, 20, 24, ... }
Vielfache von 6 = {6, 12, 18, 24, 30, 36, ... }

4 und 6 haben die **gemeinsamen Vielfachen** 12, 24, 36, 48, 60, 72, ...

Das **kleinste gemeinsame Vielfache** von 4 und 6 ist 12.
Man schreibt **kgV** (4, 6) = 12

TIPP-KARTE
Primfaktorzerlegung

Die Zerlegung von Zahlen in Produkte von Primzahlen nennt man **Primfaktorzerlegung**.

Beispiele:

$$42 = 2 \cdot 3 \cdot 7$$
$$128 = 2 \cdot 2 \cdot 2 \cdot 2 \cdot 2 \cdot 2 \cdot 2 = 2^7$$
$$244 = 2 \cdot 2 \cdot 61 = 2^2 \cdot 61$$

Für die Zerlegung in Primfaktoren geht man systematisch die Primzahlen durch. Natürlich beginnt man mit der kleinsten Primzahl 2 und überprüft, ob die Zahl durch 2 teilbar ist. Wenn nicht wird die Teilbarkeit durch 3 überprüft. Weiter mit 5, 7, 11, usw..

Primzahlen zwischen und 100:

2 3 5 7 11 13 17 19 23 29 31 37 41
43 47 53 59 61 67 71 73 79 83 89 97

TIPP-KARTE
Winkelarten

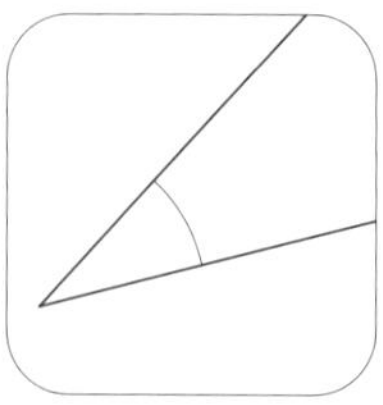

spitzer Winkel (kleiner als 90°)

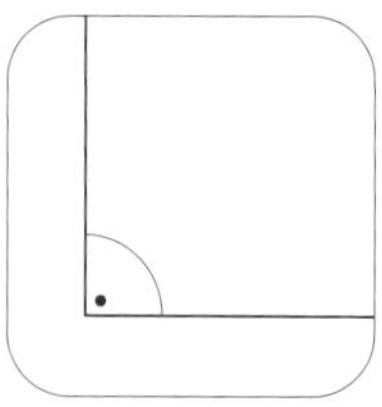

rechter Winkel (90°)

stumpfer Winkel (zwischen 90° und 180°)

gestreckter Winkel (180°)

überstumpfer Winkel (zwischen 180°und 360°)

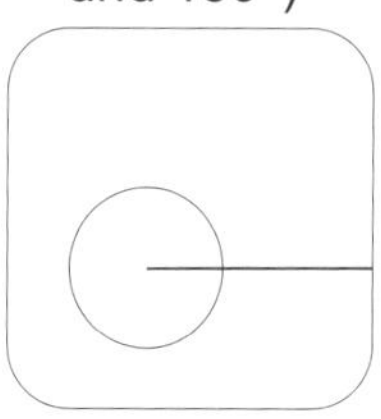

voller Winkel (360°)

TIPP-KARTE
Winkel im Schnittpunkt von Geraden

Schneiden sich zwei Geraden, so entstehen **Scheitelwinkel** und **Nebenwinkel**.

Scheitelwinkel sind gleich groß.

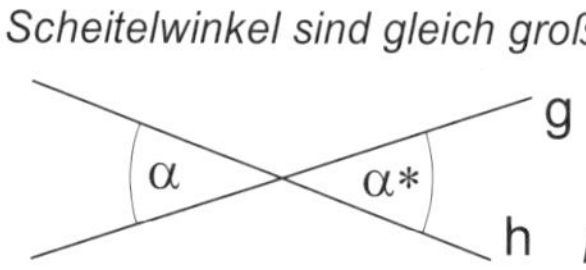

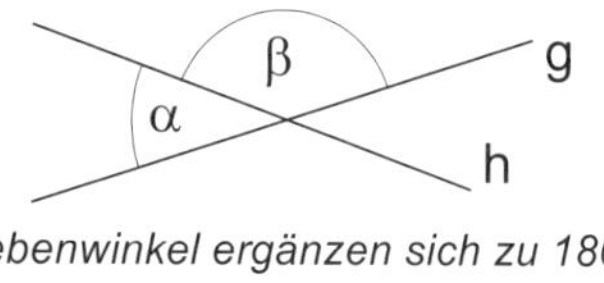

Nebenwinkel ergänzen sich zu 180°.

Werden zwei Parallelen von einer Geraden geschnitten, so entstehen **Stufenwinkel** und **Wechselwinkel**.

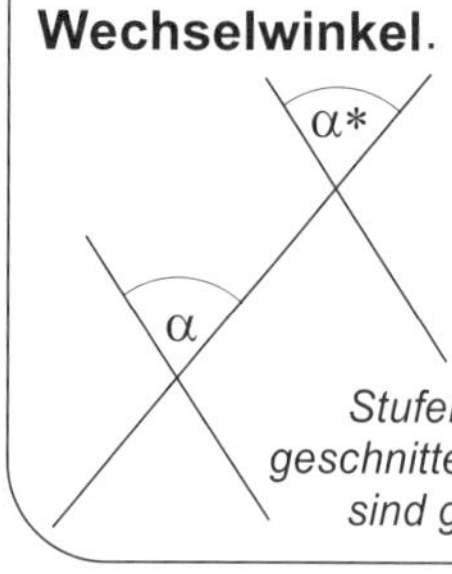

Stufenwinkel an geschnittenen Parallelen sind gleich groß.

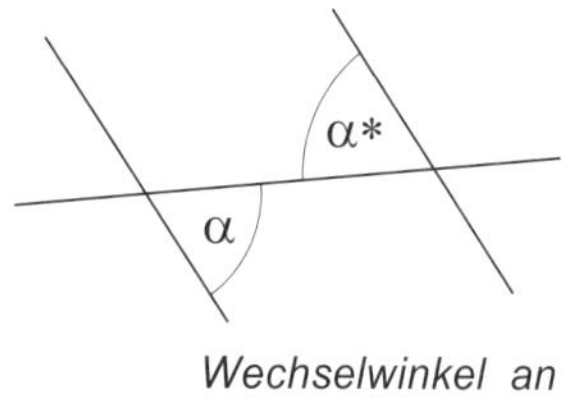

Wechselwinkel an geschnittenen Parallelen sind gleich groß.

TIPP-KARTE
Darstellung von Brüchen

$\frac{3}{4}, \frac{1}{5}, \frac{3}{7}$ nennt man Brüche.

Damit bezeichnet man Teile von einem Ganzen.

3 *Die Zahl über dem Bruchstrich heißt* ***Zähler***
— ***Bruchstrich***
5 *Die Zahl unter dem Bruchstrich heißt* ***Nenner***

Der **Nenner** gibt an, in wie viel gleich große Teile das Ganze zerteilt wird.
Der **Zähler** gibt an, wie viele Teile genommen werden.

Beispiele:

$\frac{5}{9}$

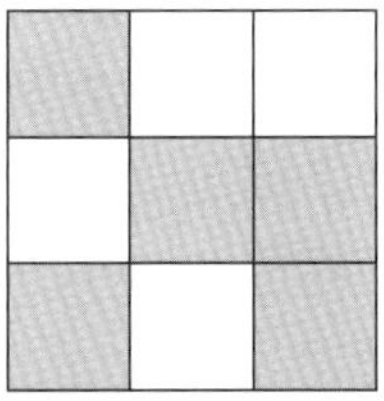

$\frac{5}{6}$

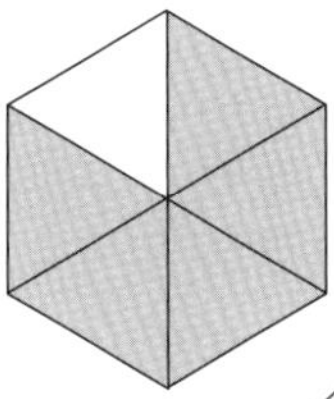

TIPP-KARTE
Brüche am Zahlenstrahl

Ebenso wie die natürlichen Zahlen 0, 1, 2, 3, ... lassen sich Brüche wie $\frac{1}{2}, \frac{1}{4}, \frac{9}{10}$ oder $\frac{4}{5}$ durch einen Punkt auf dem Zahlenstrahl festlegen. Der Zahlenstrahl muss dann entsprechend eingeteilt werden.

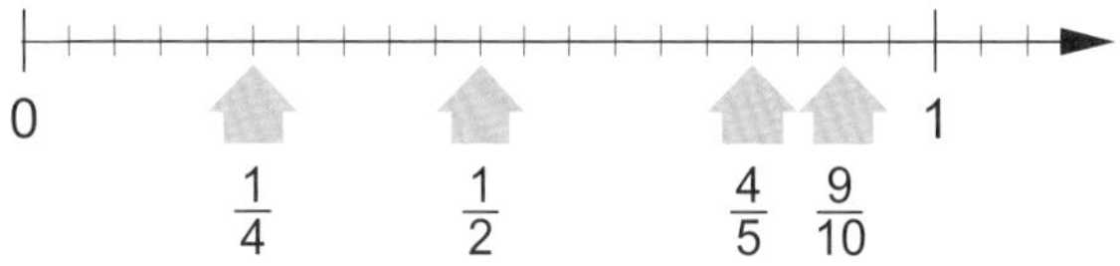

Zu einem Punkt auf dem Zahlenstrahl gehören verschiedene Brüche.

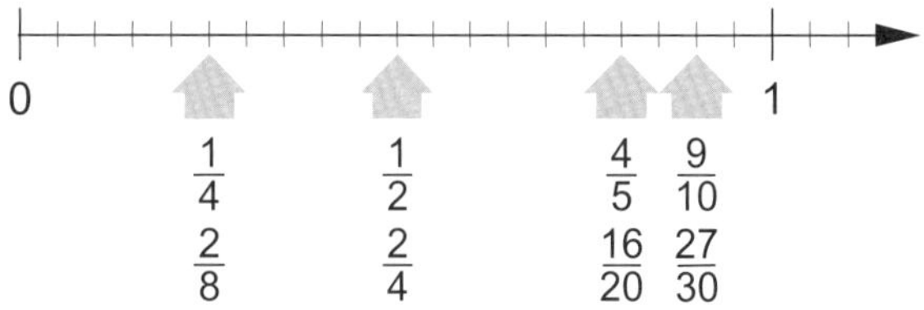

TIPP-KARTE
Addition und Subtraktion gleichnamiger Brüche

Gleichnamige Brüche werden **addiert**, indem man ihre Zähler addiert und den Nenner beibehält.

Beispiele: $\frac{2}{11} + \frac{7}{11} = \frac{9}{11}$

$2\frac{3}{5} + 1\frac{4}{5} = 2 + 1 + \frac{3}{5} + \frac{4}{5} = 3 + \frac{7}{5} = 4\frac{2}{5}$

Gleichnamige Brüche werden **subtrahiert**, indem man ihre Zähler subtrahiert und den Nenner beibehält.

Beispiele: $\frac{9}{13} - \frac{4}{13} = \frac{5}{13}$

$3\frac{1}{4} - 1\frac{3}{4} = \frac{13}{4} - \frac{7}{4} = \frac{6}{4} = \frac{3}{2} = 1\frac{1}{2}$

TIPP-KARTE
Addition und Subtraktion ungleichnamiger Brüche

Ungleichnamige Brüche werden **addiert** oder **subtrahiert**, indem man

1. den gemeinsamen Nenner feststellt,
2. die Brüche auf diesen gemeinsamen Nenner erweitert und
3. die jetzt gleichnamigen Brüche addiert oder subtrahiert.

Beispiele: $\frac{1}{2} + \frac{2}{3} = \frac{3}{6} + \frac{4}{6} = \frac{7}{6} = 1\frac{1}{6}$

$\frac{2}{3} - \frac{5}{8} = \frac{16}{24} - \frac{15}{24} = \frac{1}{24}$

$2\frac{7}{8} + 1\frac{3}{4} = 2\frac{7}{8} + 1\frac{6}{8} = 3\frac{13}{8} = 4\frac{5}{8}$

TIPP-KARTE
Multiplikation von Brüchen

Brüche werden multipliziert, indem man Zähler mit Zähler und Nenner mit Nenner multipliziert.

Beispiele: $\frac{3}{7} \cdot \frac{4}{5} = \frac{3 \cdot 4}{7 \cdot 5} = \frac{12}{35}$

$\frac{2}{5} \cdot \frac{3}{8} = \frac{2 \cdot 3}{5 \cdot 8} = \frac{1 \cdot 3}{5 \cdot 4} = \frac{3}{20}$

Bevor du gemischte Zahlen multiplizierst, wandelst du sie in unechte Brüche um.

Beispiele: $2\frac{2}{3} \cdot 7 = \frac{8}{3} \cdot \frac{7}{1} = \frac{56}{3} = 18\frac{2}{3}$

$1\frac{2}{3} \cdot 4\frac{1}{2} = \frac{5}{3} \cdot \frac{9}{2} = \frac{45}{6} = 7\frac{3}{6} = 7\frac{1}{2}$

$5\frac{2}{7} \cdot 3\frac{1}{3} = \frac{37}{7} \cdot \frac{10}{3} = \frac{370}{21} = 17\frac{13}{21}$

TIPP-KARTE
Division von Brüchen

Man dividiert einen Bruch durch einen zweiten Bruch, indem man den ersten Bruch mit dem **Kehrbruch** des zweiten Bruches multipliziert.

Den **Kehrbruch** erhältst du, indem du Zähler und Nenner vertauscht.

Beispiele: $\frac{3}{4}$ Kehrbruch $\frac{4}{3}$ $\frac{5}{8}$ Kehrbruch $\frac{8}{5}$

Beispiele: $\frac{5}{6} : \frac{3}{4} = \frac{5}{6} \cdot \frac{4}{3} = \frac{20}{18} = \frac{10}{9} = 1\frac{1}{9}$

$\frac{14}{25} : \frac{2}{3} = \frac{14}{25} \cdot \frac{3}{2} = \frac{42}{50} = \frac{21}{25}$

Gemischte Zahlen werden in unechte Brüche umgewandelt:

$7\frac{1}{4} : 2\frac{1}{2} = \frac{29}{4} : \frac{5}{2} = \frac{29}{4} \cdot \frac{2}{5} = \frac{58}{20} = \frac{29}{10} = 2\frac{9}{10}$

TIPP-KARTE
Prozent

Brüche mit dem Nenner 100 können in der **Prozentschreibweise** notiert werden.

Statt $\frac{3}{100}$ schreibt man 3 % (*sprich* drei Prozent).

25 % bedeutet nichts anderes als $\frac{25}{100}$.

Beim Rechnen mit Prozentangaben ist es vorteilhaft, wenn man manche Brüche und die dazugehörigen Prozentangaben auswendig kennt.

$\frac{1}{1}$	$\frac{9}{10}$	$\frac{1}{2}$	$\frac{1}{3}$	$\frac{1}{4}$	$\frac{1}{8}$	$\frac{1}{20}$	$\frac{1}{100}$
100 %	**90 %**	**50 %**	**$33\frac{1}{3}$ %**	**25 %**	**12,5 %**	**5 %**	**1 %**

Beispiel: 10 % von 450 € = ____ €

10 % bedeutet: Nimm $\frac{1}{10}$ von 450 €, also 45 €.

TIPP-KARTE
Dezimalbrüche

Für Brüche, die im Nenner 10, 100, 1000, ... haben, hat der Holländer Simon Stevin, der von 1548 – 1620 lebte, die **Dezimalschreibweise** vorgestellt.

Statt $2 \cdot 10 + 6 \cdot 1 + \frac{7}{10} + \frac{3}{100} + \frac{4}{1000}$ schrieb er kurz **26,734**.

Die Ziffern hinter dem Komma nennt man **Nachkommaziffern** oder **Dezimalen**.
Die Stellenwerttafel sieht dann so aus:

100	**10**	**1**	$\frac{1}{10}$	$\frac{1}{100}$	$\frac{1}{1000}$	$\frac{1}{10000}$
Hunderter	Zehner	Einer	Zehntel	Hundertstel	Tausendstel	Zehntausendstel
H	**Z**	**E**	**z**	**h**	**t**	**zt**
	2	**6** ,	**7**	**3**	**4**	

TIPP-KARTE
Dezimalbrüche am Zahlenstrahl

Auf dem Zahlenstrahl liegt der kleinere Dezimalbruch links vom größeren Dezimalbruch: 0,14 < 0,27 < 0,62.

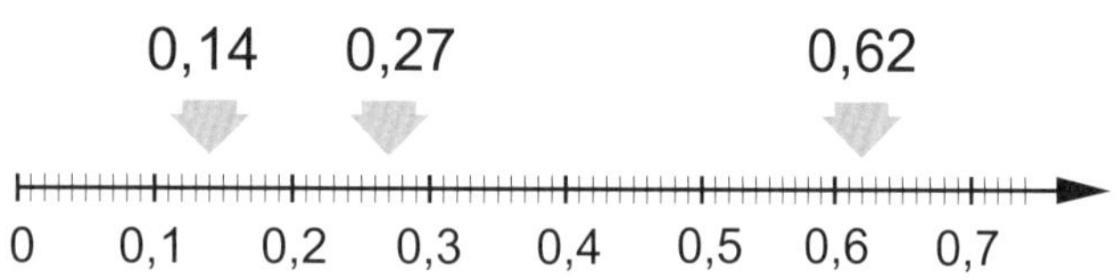

Wie stellst du fest, ob 12,6704321 größer oder kleiner ist als 12,6704319?
Ganz einfach. Vergleiche zunächst die Ganzen. Sind die Ganzen gleich, vergleiche die Zehntel. Sind auch die Zehntel gleich, vergleiche die Hundertstel. Irgendwann stellst du dann fest, dass 12,6704321 > 12,6704319.

TIPP-KARTE
Drehsymmetrische Figuren

Wenn eine Figur nach dem Drehen um einen Drehpunkt wieder mit der Originalfigur zur Deckung kommt, dann nennt man sie **drehsymmetrisch**.

Beispiel:

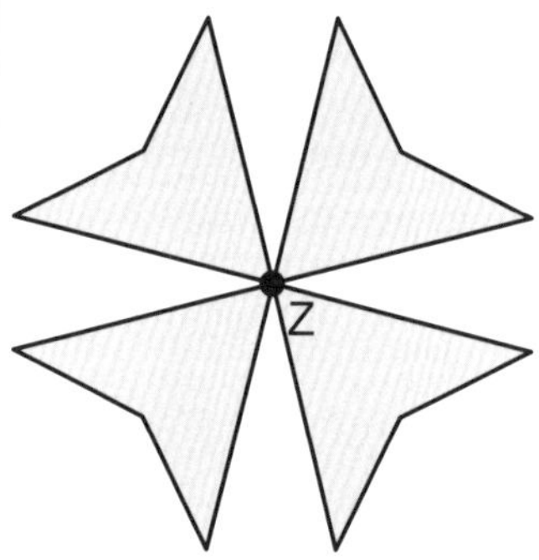

Diese Figur ist drehsymmetrisch. Wenn du sie um jeweils 90° (180°, 270°) drehst, kommt sie mit sich selbst wieder zur Deckung. Probiere es einmal selbst aus.

TIPP-KARTE
Volumen und Oberfläche von Quadern

Die **Oberfläche** eines Quaders besteht aus den sechs Rechtecken, die den Quader umhüllen.

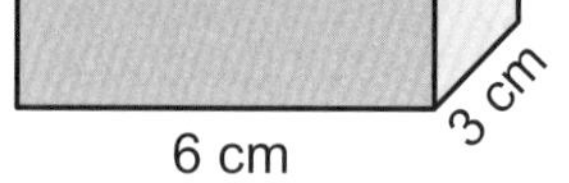

$2 \cdot 2 \cdot 6 = 24$
$2 \cdot 2 \cdot 3 = 12$
$2 \cdot 3 \cdot 6 = 36$
Summe 72

Der Quader hat eine Oberfläche von 72 cm².

Volumen des Quaders

V = Länge • Breite • Höhe

$V = a \cdot b \cdot c$

$V = 6\text{ cm} \cdot 3\text{ cm} \cdot 2\text{ cm}$

$V = 36\text{ cm}^3$

Der Quader hat ein Volumen von 36 cm^3.

TIPP-KARTE
Statistische Kennwerte

Für das Auswerten von Daten nutzt man Kennwerte.

Beispiel: 11 Kinder haben sich gewogen:
43 kg, 42 kg, 51 kg, 44 kg, 49 kg, 38 kg, 53 kg, 45 kg, 51 kg, 47 kg, 43 kg.

Der kleinste Wert einer statistischen Erhebung heißt **Minimum**: 38 kg

Der größte Wert heißt **Maximum**: 53 kg

Die Summe aller Werte geteilt durch die Anzahl der Werte heißt **Mittelwert**:

$$\frac{43+42+51+44+49+38+53+45+51+47+43}{11}\text{ kg}$$

Mittelwert: 46 kg

Der Wert in der Mitte einer Rangliste heißt **Zentralwert**: 38 kg, 42 kg, 43 kg, 43 kg, 44 kg, 45 kg, 47 kg, 49 kg, 51 kg, 51 kg, 53 kg

Zentralwert: 45 kg